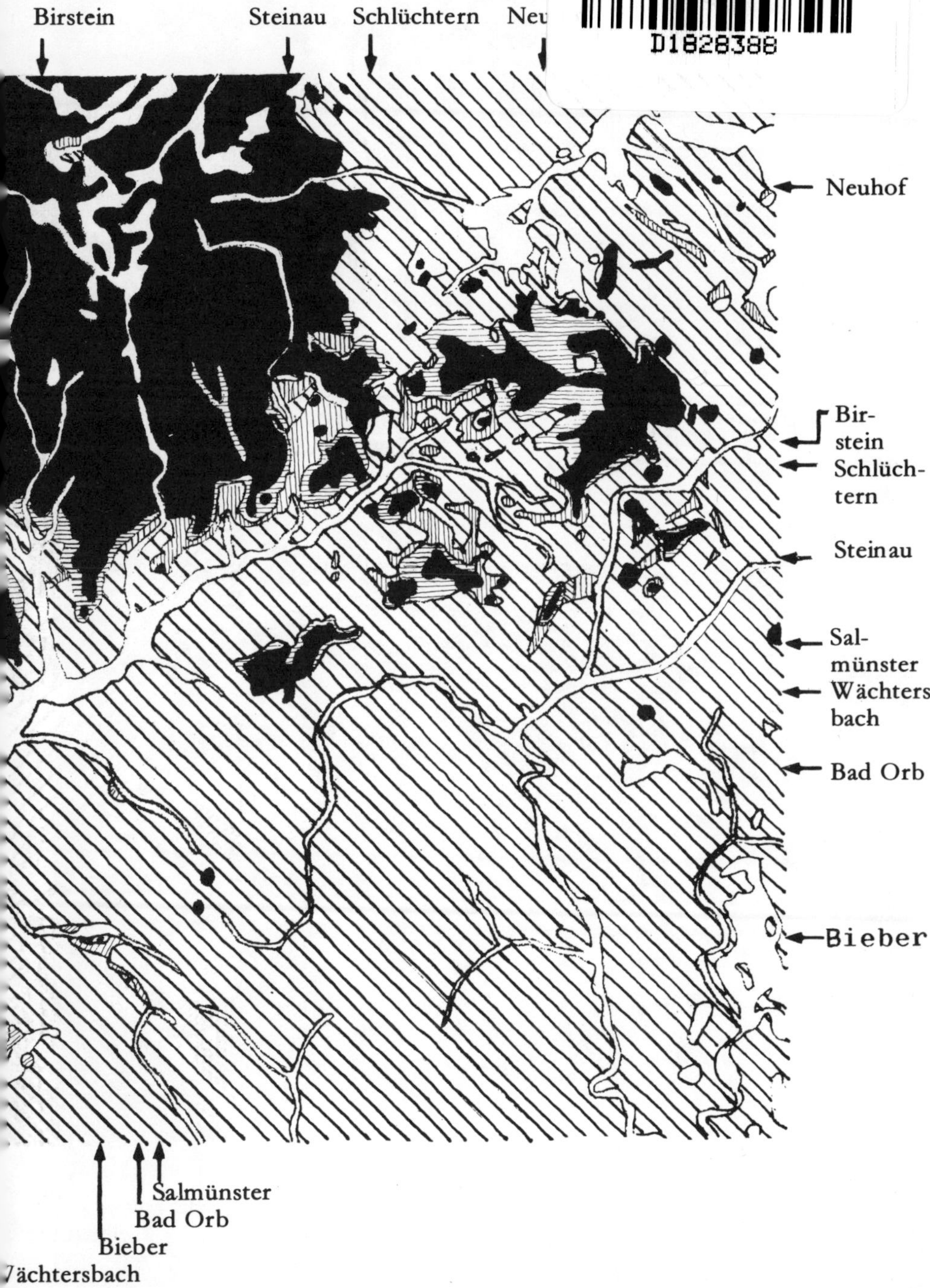
Birstein
Steinau
Schlüchtern
Neu
Neuhof
Bir-
stein
Schlüch-
tern
Steinau
Sal-
münster
Wächters-
bach
Bad Orb
Bieber
Salmünster
Bad Orb
Bieber
ächtersbach

Die Erdgeschichte oder Geologie des hessischen Kinzigtales

Kurt Lotz

VERLAG WERNER DAUSIEN
HANAU

Die Erdgeschichte oder Geologie des hessischen Kinzigtales
von Kurt Lotz
Verlag Werner Dausien · Hanau
Druck: Freiburger Graphische Betriebe
ISBN 3-7684-6359-1

Einleitung

Die Erdgeschichte oder Geologie des hessischen Kinzigtales ist bisher noch nicht zusammengefaßt dargestellt worden. Wer sich darüber unterrichten wollte, war auf die geologischen Blätter im Maßstab 1 : 25 000 und deren Erläuterungen angewiesen. Die meisten davon sind aber nur noch in wenigen Büchereien einsehbar. Lediglich für den in dieses Gebiet hereinragenden Spessart gibt es einen 1965 erschienenen geologischen Führer.

Daneben steht noch die geologische Übersichtskarte des Landes Hessen im Maßstab 1 : 300 000 zur Verfügung.

Leider fehlt aber bisher noch immer ein Werk über die Geologie des Landes Hessen.

Den im Rahmen der Heimatkunde auch am geologischen Geschehen Interessierten soll deshalb dieser allgemein verständliche Leitfaden einen Überblick geben.

Beschrieben wird das hessische Kinzigtal mit seinen Nebenflüssen zwischen Vogelsberg, Rhön, Spessart und der Rhein-Main-Ebene. Im Zusammenhang mit der Darstellung großräumiger Entwicklungen werden aber auch einige Nachbargebiete miterfaßt, zum Beispiel der Kali-Bergbau von Neuhof, der Büdinger Raum und der Main.

Es ist alles so geschildert worden, daß auch der Laie ohne geologische Vorkenntnisse folgen kann. Fremdwörter sind weitgehend vermieden oder zumindest erläutert worden.

Dabei habe ich mich bemüht, auch den Anforderungen strenger Wissenschaftlichkeit zu genügen.

Mein besonderer Dank gilt Dr. Hans Schneider, der in früheren Jahren im Schlüchterner Bergwinkel gewohnt hat, das ganze Gebiet aus eigener Anschauung kennt und zu seiner wissenschaftlichen Erforschung Beiträge geleistet hat. Er hat meine Arbeit – bis auf das Kapitel über die geologische Geschichte des Mains – mit fachmännischer Kritik und Beratung gefördert.

Inhaltsverzeichnis

Die Urgesteine

Die Anfänge der Erdgeschichte sind weitgehend in das Dunkel des noch Unerforschten gehüllt. Vergleicht man die Zeit, die seit der Bildung der festen Erdkruste vergangen ist, mit dem Alter der ältesten Gesteine unseres Raumes, so stellt man fest, daß bei uns nur über das letzte Zwölftel der erdgeschichtlichen Entwicklung etwas ausgesagt werden kann. Es sind von den rund viereinhalb Milliarden Jahren, die seit der Bildung der festen Erdkruste vergangen sind, etwa die letzten 400 Millionen Jahre. Aber auch sie sind für den Menschen schon eine unfaßbar lange Zeit, weil sich bereits 100 000 Jahre oder gar 1 Million Jahre seinem Vorstellungsvermögen entziehen.

Zudem ist das Leben der Menschen so kurz, daß er große Veränderungen in der Erdgeschichte nicht erfahren kann. Er muß den Eindruck haben, daß die Erde nahezu unveränderlich ist. Und doch ist das ganz und gar nicht der Fall.

Wo heute Festland ist, war einmal Meer; wo gegenwärtig Berge aufragen, lagen früher Täler; wo heute ein warmes Klima besteht, herrschte einstmals Eiseskälte. Die in den Meeren früherer Erdzeiten abgesetzten Gesteine waren das Material, aus dem später Gebirge gebildet wurden. Diese wurden wieder abgetragen, und ihre Ablagerungen formten neue Gesteine. So war und ist die Erdkruste einem ständigen Wechsel unterworfen, und der Kreislauf ihrer Gesteine legt ein Zeugnis vom ewigen Wandel in der Erdgeschichte ab.

Wenn wir die ältesten Gesteine unseres Gebietes suchen, finden wir sie im Vorspessart, dessen Lage Skizze 1 auf Seite 8 zeigt.

Es ist der Raum, der sich östlich und nördlich von Aschaffenburg bis in die Gegend im Süden von Gelnhausen erstreckt. Dort treten Quarzitschiefer, Glimmerschiefer und Gneis zutage. Sie sind in Skizze 1 schraffiert dargestellt worden.

Wie sind sie gebildet worden?

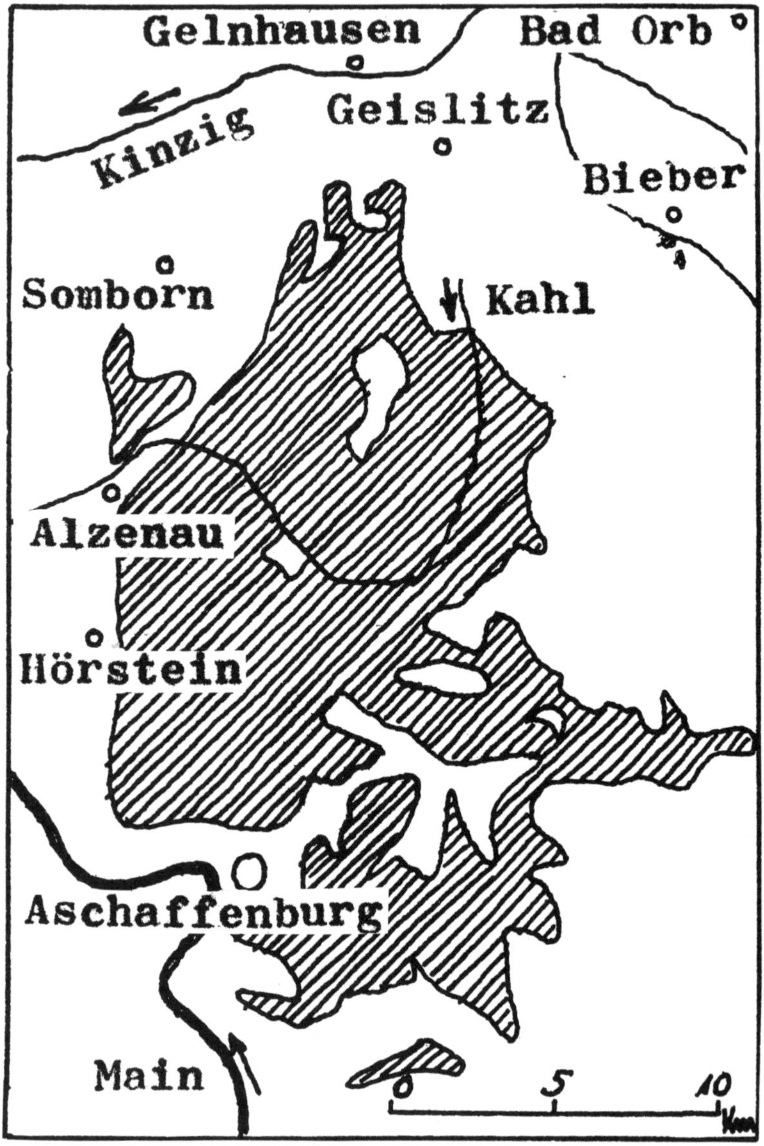

Skizze 1 Die Urgesteine

Vor rund 500 Millionen Jahren befand sich in der Gegend des heutigen Spessarts ein flaches Meer. Die von Flüssen in das Meer hineingeschwemmten Sande und Tone setzten sich auf seinem Grunde ab und bildeten schließlich eine 800 bis 1000 m mächtige Schicht, die sich zunehmend verfestigte.

Nun besteht nur der obere Teil der Erdkruste aus in festem Zustand befindlichen Gesteinen, und diese Krustenteile oder Schollen reichen mit ihren Wurzeln in die Zone hinab, wo sich das Material in einem zähflüssigen oder plastischen Zustand mit hohen Temperaturen befindet. Die festen Krustenteile der Erde schwimmen auf dieser sehr zähflüssigen Schicht. Da der plastische Untergrund der Erdkruste zeitweise in strömende und sogar wirbelartige Bewegung gerät, können die darauf schwimmenden Teile der Erdkruste von solchen Bewegungen beeinflußt werden. Dabei werden die Schollen nicht nur in waagerechter Richtung verschoben, sondern auch in senkrechter Richtung gehoben oder gesenkt.

So hob sich vor etwa 400 Millionen Jahren die Spessart-Scholle, und der Spessart wurde landfest und danach durch die Verwitterung allmählich abgetragen. In die Spalten und Klüfte der sich aufwölbenden Scholle drang von unten her aus dem plastischen Untergrund schmelzflüssiger Granit ein, der allmählich erstarrte.

In der Steinkohlenzeit (Karbon), die vor etwa 350 Millionen Jahren begann und 65 Millionen Jahre dauerte, entstand dann ein großes Faltengebirge.

Die Ursache seiner Bildung ist die Tatsache, daß sich erdteilgroße Schollen der Erdkruste auch in waagerechter Richtung bewegen können. Wenn sich die eine Scholle schneller als die andere in gleicher Richtung bewegt oder zwei Schollen gar in entgegengesetzter Richtung aufeinander zukommen, dann werden ihre plastischen Schichten allmählich in Falten gelegt, weil sie auf enger werdendem Raum Platz finden müssen. Auch die vorher festen Krustenteile werden in die Faltenbildung einbezogen, wobei sie in der Regel im Inneren der Falten unter großem Druck in wärmere Zonen geraten, so daß sie aufschmelzen und erst nach dem Abschluß der Faltenbildung wieder in den festen Zustand zurückkehren können.

So wurde im Vorspessart der Granit in geschichteten Gneis umgewandelt, und aus den Sanden und Tonen wurden Quarzit- und Glimmerschiefer gebildet.

Der das Faltengebirge erzeugende Druck wirkte hauptsächlich von Südosten nach Nordwesten.

Dies Faltengebirge wird in der geologischen Wissenschaft als das variskische Gebirge bezeichnet. (Die Varisker waren ein germanischer Volksstamm.)

Es erstreckt sich in einem großen Bogen vom französischen Zentralplateau über die Vogesen, den Schwarzwald, den Odenwald und Spessart nach Thüringen zum Fichtelgebirge und Erzgebirge und endete bei den Sudeten.

Das variskische Gebirge war etwa doppelt so breit wie die Alpen und hat deshalb vielleicht auch nur die Hälfte ihrer Höhe erreicht.

Ebenso wie in den Alpen ist es auch zu Überschiebungen von Gebirgsfalten gekommen. Dabei kippt eine hoch aufgetürmte Falte aus älteren Gesteinen um, so daß diese über jüngere Gesteine hinüber geschoben werden. Im Vorspessart schließt man aus der Ähnlichkeit der östlich von Aschaffenburg in der Gegend von Haibach und Laufach zutagetretenden Gesteine mit den nordwestlich der Orte Alzenau-Michelbach-Horbach-Großenhausen liegenden Gesteinen auf eine solche Überschiebung. Skizze 2 zeigt die Verbreitung der daran beteiligten ähnlichen Gesteine auf Seite 11. Sie sind mindestens 17 Kilometer voneinander entfernt.

Der Druck kam etwa von Südosten und bog die Falten nach Nordwesten um. Längs der Linie Alzenau-Großenhausen schoben sich die von Südosten kommenden Gesteine über die jüngeren Gesteine hinweg und liegen nunmehr unter einem 40° bis 60° gegen die Waagerechte nach Nordwesten geneigten Winkel am Rande des Vorspessarts. In dem Gebiet dazwischen sind die dort liegenden jüngeren Schichten durch die spätere Verwitterung und Abtragung freigelegt worden.

Die Überschiebung geschah in einem verhältnismäßig späten Stadium der Gebirgsbildung, denn erst nach der Bildung von Falten konnten einige von ihnen auf Druck hin durch die weitere Einengung der Gebirgsgrundfläche überkippen.

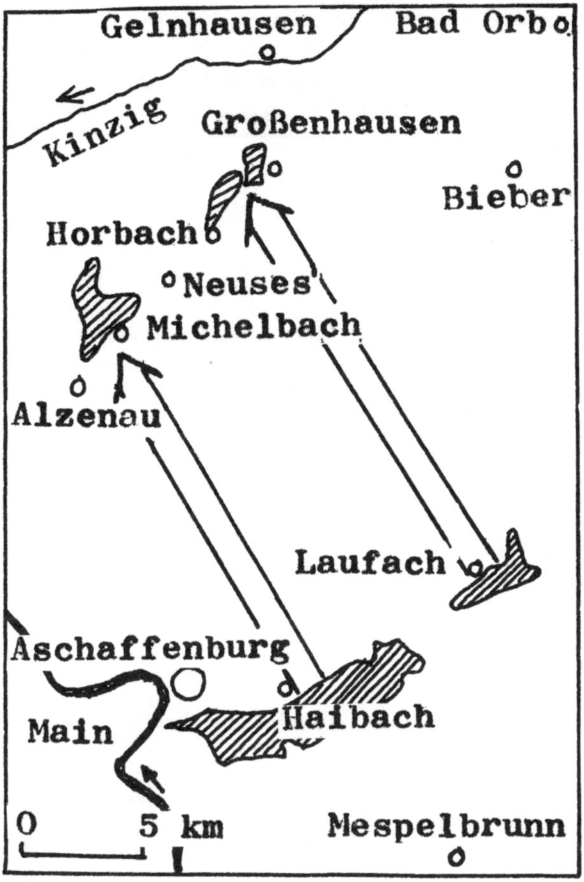

Skizze 2
Die Überschiebung

Altersbestimmungen von Urgesteinen des Spessarts sind nicht bekannt, doch sind solche für den Odenwald ausgeführt worden. Sie haben für den dunklen Glimmer (Biotit) ein Alter von 413 bis 325 Millionen Jahren ergeben, d. h. der vorher schmelzflüssige Glimmer ist in einer Tiefe von 10 bis 15 km bei der Abkühlung auf 400 bis 500° Celsius fest geworden, und von diesem Zeitpunkt an gilt das obige Alter. Für ein anderes Gestein, die schwarze Hornblende, ergab sich ein Alter von 329 bis 336 Millionen Jahren, sie dürfte bei 200 bis 300° in 10 bis 15 km Tiefe erstarrt sein.

Für den Odenwald steht eine einheitliche Entstehung als Teil des variskischen Gebirges fest. Wenn das der Fall ist, dürfte das auch für seine nordöstliche Fortsetzung im Spessart gelten, so daß die obigen Altersangaben auch hier zutreffen werden.

Die Überschiebung ist dann wahrscheinlich erst vor etwa 300 bis 290 Millionen Jahren erfolgt.

Als die ältesten Zeugen der Erdgeschichte in unserem Gebiet sind also die Urgesteine des Vorspessarts anzusehen. Sie geben uns Kunde von einem gewaltigen Gebirge, das sich hier von Südwesten nach Nordosten hinzog und später durch die Verwitterung wieder abgetragen worden ist. Es hat wahrscheinlich nicht die Höhe der Alpen erreicht, dürfte aber trotzdem Höhen bis zu 2000 m gehabt haben, die in der ganzen späteren Erdgeschichte in unserem Gebiet wahrscheinlich nicht wieder zustandegekommen sind.

Heute ist der 436 m hohe Hahnenkamm östlich von Alzenau der höchste Berg der Urgesteine das Vorspessarts. Er ragt über die Mainebene nur noch etwa 350 m hinaus.

Das Rotliegende

Schon während der Auffaltung des variskischen Gebirges begannen die Kräfte des Windes, Wassers und Eises ihr Zerstörungswerk. Sie leiteten die Verwitterung der Gesteine ein und glichen die Höhen-Unterschiede allmählich aus.

Der Teil des variskischen Gebirges, der sich im mittleren Deutschland befindet, wird auch als mitteldeutsche Schwelle bezeichnet. Als sie in der Karbonzeit entstand, bildete sich gleichzeitig eine Senke, die in Hessen als die Wetterau-Senke bezeichnet wird, wie Skizze 3 auf Seite 13 zeigt. Sie erstreckt sich zwischen der Hunsrück-Oberharz-Schwelle im Westen und der Odenwald-Spessart- sowie der Rhön-Schwelle im Osten. Die in Skizze 3 am oberen Bildrand noch eingezeichneten Basalt-Gesteine des Vogelsberges sind erst in sehr viel späterer Zeit entstanden und nur des Überblicks wegen eingezeichnet worden.

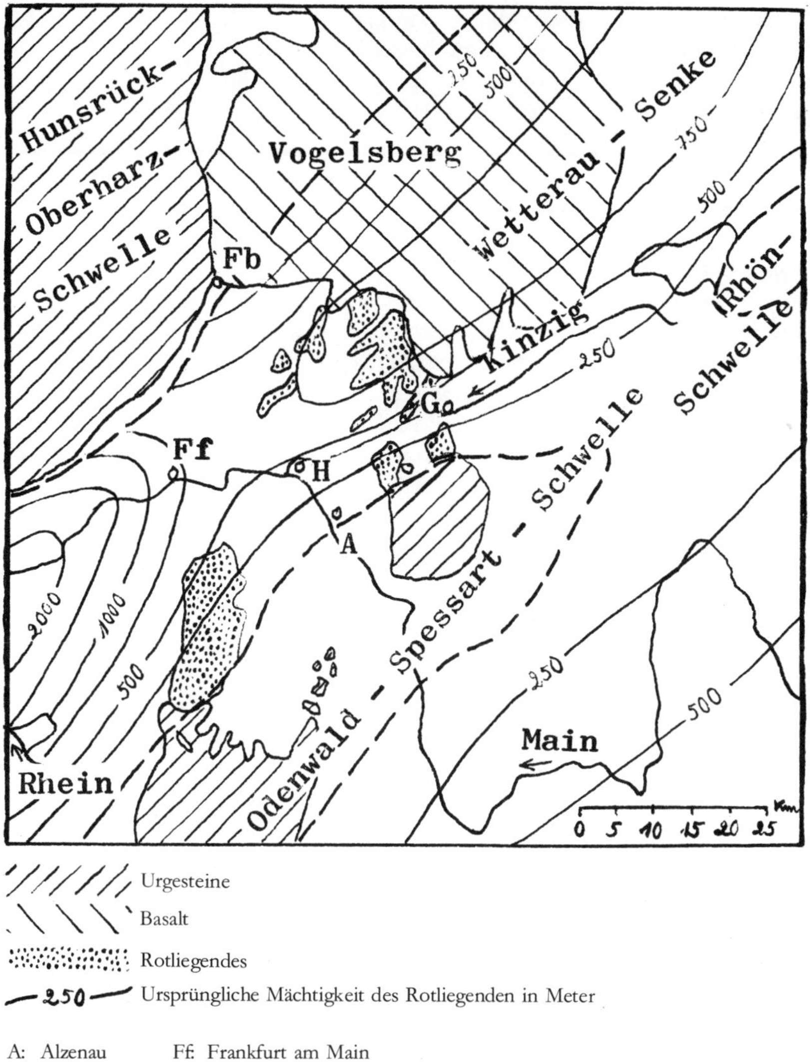

Urgesteine

Basalt

Rotliegendes

250 Ursprüngliche Mächtigkeit des Rotliegenden in Meter

A: Alzenau
Fb: Friedberg
G: Gelnhausen
Ff: Frankfurt am Main
H: Hanau

Skizze 3 Der Saar-Nahe-Wetterau-Trog im Rotliegenden

Die mitteldeutsche Schwelle entstand an der Wende von der Karbonzeit zur Permzeit, deren älterer Teil das Rotliegende genannt wird. Das Rotliegende begann vor 285 Millionen Jahren und hat etwa 45 Millionen Jahre gedauert.

Die Wetterau-Senke zog sich durch Hessen in einer Breite von 35 bis 45 km von Südwesten nach Nordosten hin und war Teil einer sich vom Saargebiet bis in den Ostharz hinziehenden Mulde, die den Namen Saar-Selke-Trog führt. (Die Selke ist ein Fluß im Ostharz.)

Die südöstliche Begrenzung dieser Mulde verlief in unserem Gebiet etwa auf der heutigen Linie Alzenau-Hohe Rhön. Einen Teil der Mulde bildet die Freigerichter Senke. Sie ist erstmalig in dieser Zeit angelegt worden. Im Nordwesten verlief die Grenze der Mulde außerhalb unseres Gebietes am Südosthang des Taunus entlang und von dort über Friedberg weiter nach Nordosten.

Parallel zum Saar-Selke-Trog entstand auf der südöstlichen Seite der mitteldeutschen Schwelle der Oos-Saale-Trog. (Die Oos ist ein Fluß im Schwarzwald, und die Saale fließt in Thüringen.)

Welche Spuren aus der damaligen Zeit sind vorhanden? Es ist der Abtragungsschutt, der von den Gebirgen kommend in Bächen und Flüssen hineingeschwemmt und vom Winde hineingeweht worden ist. Da das Klima jener Zeit ziemlich trocken war, spielte gerade der Wind eine große Rolle.

Die Verwitterung führte im Laufe von Millionen Jahren dazu, daß das variskische Gebirge bis auf geringe Reste abgetragen und der Saar-Selke-Trog mit den Verwitterungsprodukten aufgefüllt wurde, so daß unser gesamtes Gebiet schließlich eine einzige große Ebene mit nur noch geringen Höhenunterschieden bildete. Die Berge „ertranken" im eigenen Schutt, wie manche Geologen das ausgedrückt haben.

Der Verwitterungsschutt setzt sich vorwiegend aus Sandsteinen und Schiefertonen zusammen. Er ist z. T. durch Eisenverbindungen rötlich gefärbt, was dieser geologischen Zeit den Namen „Das Rotliegende" gegeben hat. Große Teile der mit Ton durchsetzten Sandsteine sind hart und wasserundurchlässig, so daß sie den Flüssen späterer Erdzeiten großen Widerstand leisten konnten.

Die Gesteine des Rotliegenden, die einstmals fast unser gesamtes Gebiet bedeckten, wurden später von anderen Gesteinen überlagert, so daß sie vielfach nur noch unter der heutigen Erdoberfläche vorhanden sind. Aber an zahlreichen Stellen unseres Raumes treten sie auch noch zutage. Die herausklappbare Tafel am Schluß des Buches zeigt die gegenwärtige Verbreitung des Rotliegenden. Es befindet sich in mehr oder weniger großen Resten an der südwestlichen Abdachung des Vogelsberges und an den Nordwesthängen des Vorspessarts. Die westlich von Gelnhausen zutagetretenden rötlichen Sande und Tongesteine des Rotliegenden haben der Ortschaft Rothenbergen den Namen gegeben.

Als Querriegel für den Main ist Rotliegendes bei Rumpenheim vorhanden. Hier wurde später der Main zu einem schmal eingesägten Flußbett gezwungen, in dem sich Stromschnellen bildeten.

Im Beginn der Zeit des Rotliegenden waren die gebirgsbildenden Kräfte noch wirksam, die zuvor die mitteldeutsche Schwelle geschaffen hatten. Sie waren zwar wesentlich schwächer, führten aber an einigen Stellen zu Aufwölbungen, in deren Untergrund glutflüssige Gesteine eindringen und dort erstarren konnten. Erst nach der Abtragung der darüber liegenden Schichten wurden sie freigelegt. 11 Kilometer nordwestlich von Hanau bei Büdesheim tritt ein solches magmatisches Gestein zutage, und zwar der schwarze Melaphyr, der nach Aussehen und Zusammensetzung dem Basalt ähnlich ist.

Für den Odenwald liegt die Alterbestimmung eines im Rotliegenden entstandenen Gesteins, des Natron-Trachyts, vor. Es hat sich ein Alter von 230 bis 248 Millionen Jahren ergeben.

In der Zeit des Rotliegenden herrschte ein subtropisches Klima, und die Landschaft war nahezu eine Wüste, in der nur hier und da kleine Flachwasserbereiche bestanden haben, was die nach dem Austrocknen gebildeten Gipskristalle (Sandrosetten) bezeugen.

Der Zechstein

Unter dem Begriff Zechstein versteht man weder ein bestimmtes Mineral oder Gestein, sondern einen Zeitabschnitt der Erdgeschichte, in dem neben anderen Gesteinen Kalisalze und Kupferschiefer abgelagert wurden.

Die Zechstein-Zeit begann vor etwa 240 Millionen Jahren. In ihr wurde unsere Landschaft grundlegend verändert. In Millionen Jahren sank die flache Wüste des Rotliegenden allmählich tiefer. Von Nordwesten her konnten die Wasser des Nordmeeres schließlich nach Südosten vordringen und dabei unseren ganzen Raum überfluten. Es entstand das Zechstein-Meer, dessen größte Ausdehnung in Deutschland Skizze 4 auf Seite 16 zeigt.

Ob die Entstehung des Zechstein-Meeres auf ein alleiniges Absinken des seitherigen Festlandes oder auch auf ein allmähliches Ansteigen des Wasserspiegels zurückzuführen ist, kann kaum entschieden werden. Wahrscheinlich haben beide Ursachen zusammengewirkt.

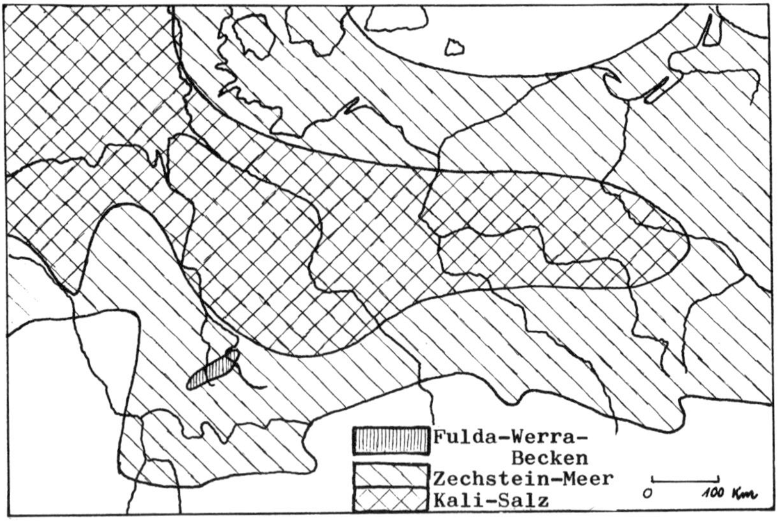

Skizze 4 Das deutsche Zechstein-Meer

Allerdings war dieses Meer verhältnismäßig flach. Es ist zudem feststellbar, daß die Bedeckung durch das Meer in vier Rhythmen vor sich ging. Auf Zeiten des Meeresvorstoßes folgten jeweils solche des Rückzuges.

In den durch flache Landschwellen vom Meer mehr oder weniger abgeschnürten Becken, denen bei Flut jedesmal wieder neues Meerwasser zugeführt wurde, bewirkte das warme Klima eine starke Verdunstung des Wassers. Die im Meerwasser gelösten Salze setzten sich dabei auf dem Grund ab, und zwar die schwerlöslichen zuerst. Da die Zechstein-Zeit etwa 10 Millionen Jahre gedauert hat, entfielen auf jeden Abschnitt durchschnittlich 2,5 Millionen Jahre.

Die Skizze 5 auf Seite 17 zeigt, wie in unserem Gebiet im ersten Rhythmus der Meeresbedeckung die seichten und die tiefen Abschnitte des Meeres verteilt waren.

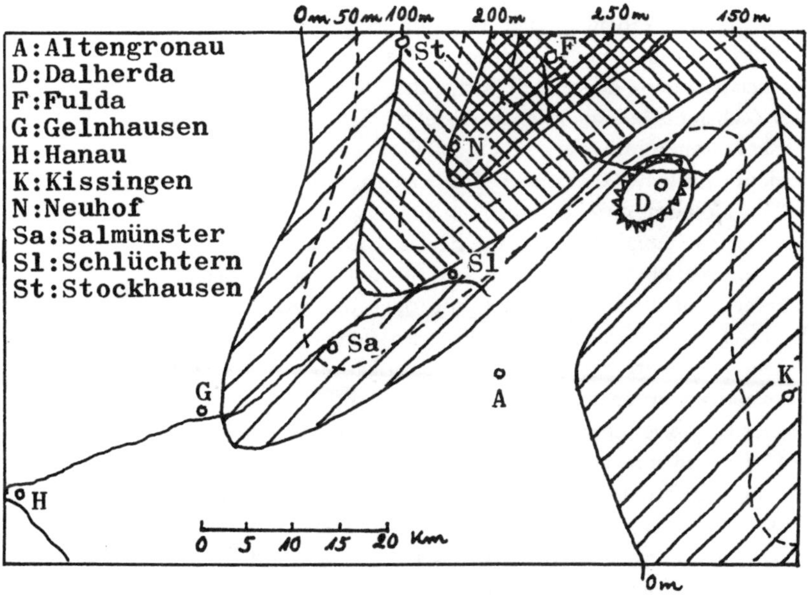

Skizze 5 Die ursprüngliche Salzmächtigkeit im Kinzig-Gebiet

Die Zechstein-Zeit bot damit im großen und ganzen das Bild einer schärenartigen Landschaft mit Schwellen und Senken, Inseln und untermeerischen Rücken. So war z. B. im Gebiet der heutigen Rhön die Gegend um Dalherda zeitweise eine Insel (Dalherdaer Kopf 801 m). Dies 8 km lange und 5 km breite Gebiet war von Kalkbänken umsäumt, die von riffbildenden Korallen, Schwämmen und kalkbildenden Algen herstammen.

In unserem Gebiet war vielleicht auch noch der harte Quarzitschieferzug des Urgestein-Spessarts südöstlich von Neuses zeitweise eine Insel. Er entspricht heute etwa dem Höhenzug vom Hahnenkamm (436 m) bei Alzenau über die Schwedenschanze zum Kreuzberg (388 m) bei Geiselbach.

In den Zeiten des Meeresrückzugs traten jedenfalls Rhön und Spessart als Schwellen in Erscheinung, während sich andererseits die in der Wetterau beginnende und nach Norden fortsetzende Hessische Senke vertiefte.

In den nur flachen Meeresteilen unseres Gebietes kam es nicht zur Ablagerung von Salzen. Es lagerten sich dort aber andere Gesteine ab, sie sind später zum größten Teil der Verwitterung anheimgefallen oder abgetragen worden. Immerhin sind aber auch noch an mehreren Stellen unseres Gebiets Gesteine dieser Zeit vorhanden. Diese Vorkommen des Zechsteins bei uns zeigt die Tafel am Schluß des Buches.

Sie bestehen im wesentlichen aus Dolomit, Kalk, Mergelschiefer, Letten, Kupferletten und Eisenstein.

Der Dolomit wird heute noch in einem großen Steinbruch am Ostrand von Altenmittlau abgebaut. Dieser Steinbruch war einmal berühmt als Fundort für ein schönes blaues Kupfer-Mineral, die Kupfer-Lasur oder den Azurit. Aus Dolomit ist die Kirche von Niederrodenbach erbaut worden.

Der Letten ist hier und da zur Fabrikation von Ziegeln verwendet worden.

Der Kupferletten ist aus in flachen Meeresbecken gebildetem Faulschlamm entstanden. Die im Meerwasser gelösten Metallsalze hatten sich darin angereichert und wurden durch Fäulnisbakterien zersetzt. Dabei entstanden schließlich Schwefelverbindungen von Kupfer, Eisen, Zink und Blei.

Der Kupferletten oder Kupferschiefer enthält etwa 9 % Erze, dabei 2,9 % Kupfer. Er wurde u. a. in Hailer seit 1400 und später auch bei Haingründau abgebaut. Das Kupferwerk bei Haingründau hieß „Heilwigis“ und beschäftigte im 17. Jahrhundert bis zur Mitte des 18. Jahrhunderts ungefähr 30 Arbeiter. Auch silberhaltige Erze wurden hier verhüttet. Jetzt lohnt der Abbau dort nicht mehr. Im Zechstein eines Steinbruchs bei Haingründau hat man Versteinerungen von muschelartigen Meerestieren jener Zeit gefunden.

Den Kupferschiefer fand man auch in den Zechstein-Vorkommen, die sich von Geislitz aus durch den Altenhaßlauer Gerichtswald erstrecken. Er enthielt silberhaltiges Fahlerz, Bleiglanz und Kupferkies. Seit dem 15. Jahrhundert hat man hier nach diesen Erzen geschürft, z. B. im Mäusegraben östlich von Altenhaßlau und in der Goldhohle östlich von Hailer, aber ein anhaltender Bergbau fand nicht statt. In der Goldhohle fand man auch Manganerz und bis zu 5 cm mächtigen Brauneisenstein. Es ist sehr unwahrscheinlich, daß man hier auch Gold gefunden hat. Wahrscheinlich hat die goldgelbe Farbe vom Kupferkies der Grube den Namen gegeben.

Besonders reichhaltige Erzvorkommen gab es bei Bieber. Sie waren die Grundlage für den ehemals blühenden Bieberer Bergbau, dem ein besonderes Kapitel gewidmet ist.

Die im Stadtgebiet von Gelnhausen vorhandenen Zechstein-Vorkommen treten nur noch in Baugruben zutage.

All diese heute an der Erdoberfläche isolierten Zechstein-Vorkommen gehören zu Schichten, die nach Nordosten immer mächtiger werden und unterirdisch den ganzen nordöstlichen Kinzigbereich bis weit über das Gebiet der Kinzig hinaus unterlagern. Im Gebiet von Neuhof lagern die Gesteine des Zechsteins in einer Mächtigkeit von rund 300 m, und zwar befinden sich ihre obersten Schichten dort in einer Tiefe von rund 400 m unter der heutigen Erdoberfläche. Der in Neuhof betriebene Bergbau hat genauen Aufschluß über die Zusammensetzung und Abfolge des Zechsteins ermöglicht.

Wenn Neuhof auch nicht zum Kinzig-Bereich gehört, so liegt es doch so nahe, daß seine Betrachtung angebracht ist.

Der Kali-Bergbau von Neuhof

Von den Bohrungen, die den Bergbau vorbereitet haben, führte die im Jahr 1900 vorgenommene in die größte Tiefe und sie endete bei 709,70 m unter der Erdoberfläche. Sie ermöglichte genauen Aufschluß über den gesamten Aufbau des Zechsteins. Er ist in Skizze 6 auf Seite 21 dargestellt. Die Gesteine des Zechsteins sind in vier Rhythmen entstanden.

Der am tiefsten liegende erste Rhythmus heißt Werra-Serie. Er wurde in einer großen, von dem Gebiet um Fulda bis an die Werra reichenden Zone abgelagert. Bei Fulda hat die Werra-Serie eine Mächtigkeit von etwa 225 m. Der erste Rhythmus überlagert das Rotliegende. Den Übergang bildet das Weißliegende mit wahrscheinlich aus dem Taunusgebirge stammenden Geröllen, von wo sie durch Flüsse nach Nordosten verfrachtet wurden. Auf ihm liegt Kupferschiefer, der auch Fischschuppen und kohlige Pflanzenreste enthält. Es folgen ihm nach oben Schichten, die vorwiegend aus Kalk und Schiefer bestehen. Nun kommen die Salzschichten. Sie beginnen mit 90 m mächtigem weißgrauem Steinsalz, dem das 2,5 m mächtige Kali-Salz-Flöz „Thüringen" folgt. Auf ihm liegt in einer Mächtigkeit von 55 m das mittlere Werra-Steinsalz. Dann kommt das 2,5 m mächtige orangerote Kali-Salz-Flöz „Hessen", dem wiederum 50 m mächtiges Steinsalz aufliegt, das ebenfalls orangerot bis bräunlich gefärbt ist.

Die Salzgesteine zeigen eine ruhige Schichtung, die nur hier und da durch Druck gekräuselt wurde.

Das Flöz „Thüringen" ist wegen seiner ungleichmäßigen Zusammensetzung nicht abbauwürdig. Dagegen wird das Flöz „Hessen" abgebaut.

Der zweite Rhythmus heißt Staßfurt-Serie. Zur Zeit ihrer Bildung hatte sich der Schwerpunkt der Salzablagerung in das Becken am Harz und in Niedersachsen verlagert, weshalb er in unserem Gebiet nur noch mit der geringen Mächtigkeit von 20 m vertreten ist, und zwar zu gleichen Teilen als braunroter Salzton und als meist rötliches Steinsalz.

Auch der dritte Rhythmus ist bei uns mit der nur geringen Mächtigkeit von 40 m vertreten. Er besteht aus Letten und Platten-Dolomit. Er heißt Leine-Serie.

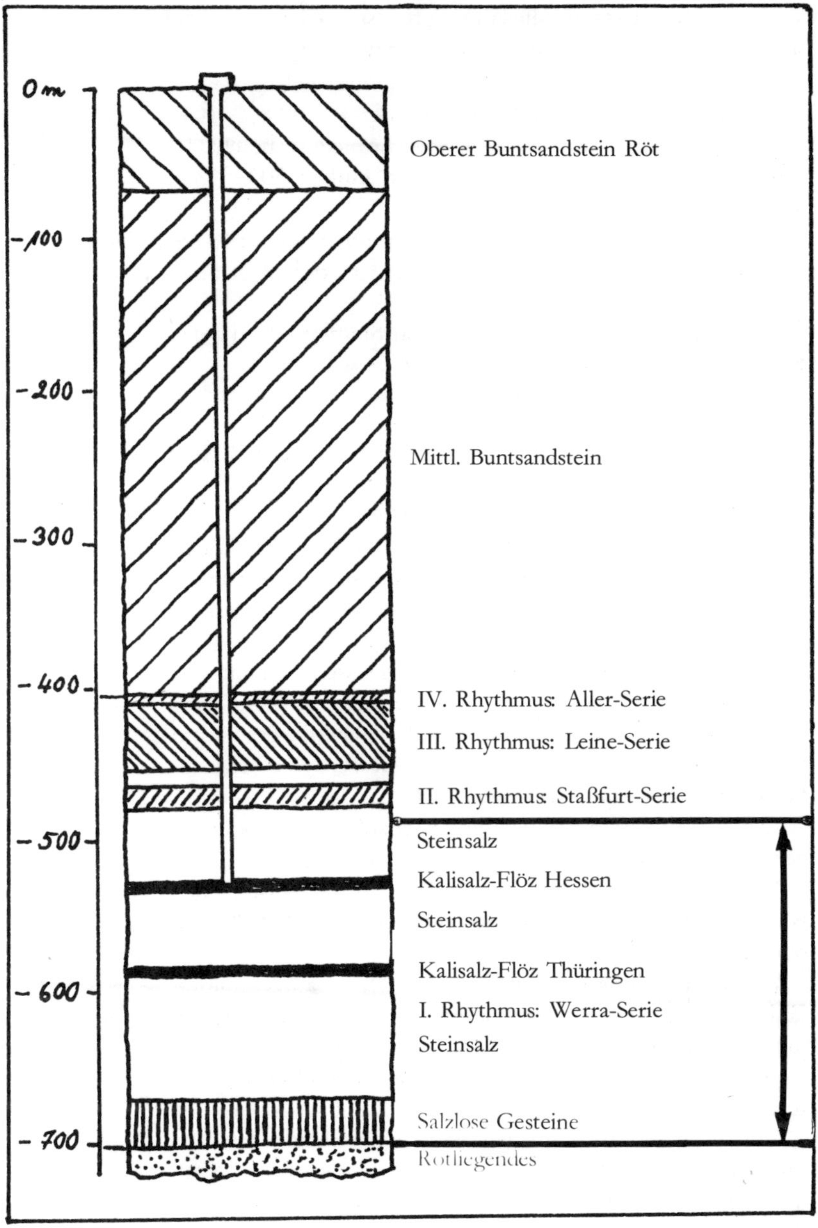

Skizze 6 Die Gesteine im Bergwerk von Neuhof

Der vierte Rhythmus, die Aller-Serie, ist nur 10 m mächtig und besteht aus buntgefärbten Tongesteinen.

Das Kalisalzbergwerk Neuhof der Wintershall-Aktiengesellschaft Kassel geht auf Bohrungen der Jahre 1899–1913 zurück. 1906–09 wurde der erste Schacht niedergebracht. Er erreicht in 407 m Tiefe den Zechstein und in 503–513 m Tiefe das Kalisalzflöz Hessen.

Um die Förderung der Kalisalze zu erhöhen, wurde 1912–21 ein zweiter Schacht niedergebracht. Er erreicht in 533–535 m Tiefe das Flöz Hessen.

Die Skizze 7 auf Seite 23 zeigt den Standort der beiden Schächte und die Ausdehnung des Flözes.

Nach dem ersten Weltkrieg 1914–18 wurde der Betrieb eingestellt.

1934–45 dienten die Stollen als Heeres-Munitionslager und nach dem zweiten Weltkrieg (1939–45) in den Jahren 1946–1952 als Warendepot der amerikanischen Besatzungstruppen. Erst 1954 wurde der Bergwerksbetrieb wieder aufgenommen.

Das zum Abbau gelangende Flöz Hessen besteht fast vollständig aus rotem Hartsalz. Es enthält 50 % Steinsalz (NaCl), 30 % Kieserit (MgSO4) und 20 % Sylvinit, das ist mit Steinsalz verunreinigtes Sylvin (KCl). Nur das Sylvin wird zur Herstellung der Düngesalze gebraucht.

Der Abbau geschieht heute vollmechanisiert mit Bohrwagen, Fahrladern und elektrisch betriebenen Zügen.

In der Fabrik oben werden die Salze zu handelsüblichen Kali-Düngesalzen aufbereitet, täglich etwa 10 000 Tonnen oder 200 000 Zentner.

Der Fabrikationsrückstand wird als Halde aufgeschüttet. Er besteht aus Steinsalz und Kieserit. Dieser Abraumberg hat mittlerweile eine Höhe von 150 m erreicht und wird im Volksmund als „Monte Kali“ und „Kalimandscharo“ bezeichnet.

Vor dem ersten Weltkrieg hatte Deutschland fast das Monopol in der Herstellung von Kali-Düngesalzen. Nach dem zweiten Weltkrieg befindet sich ein großer Teil der deutschen Salzlagerstätten in der DDR.

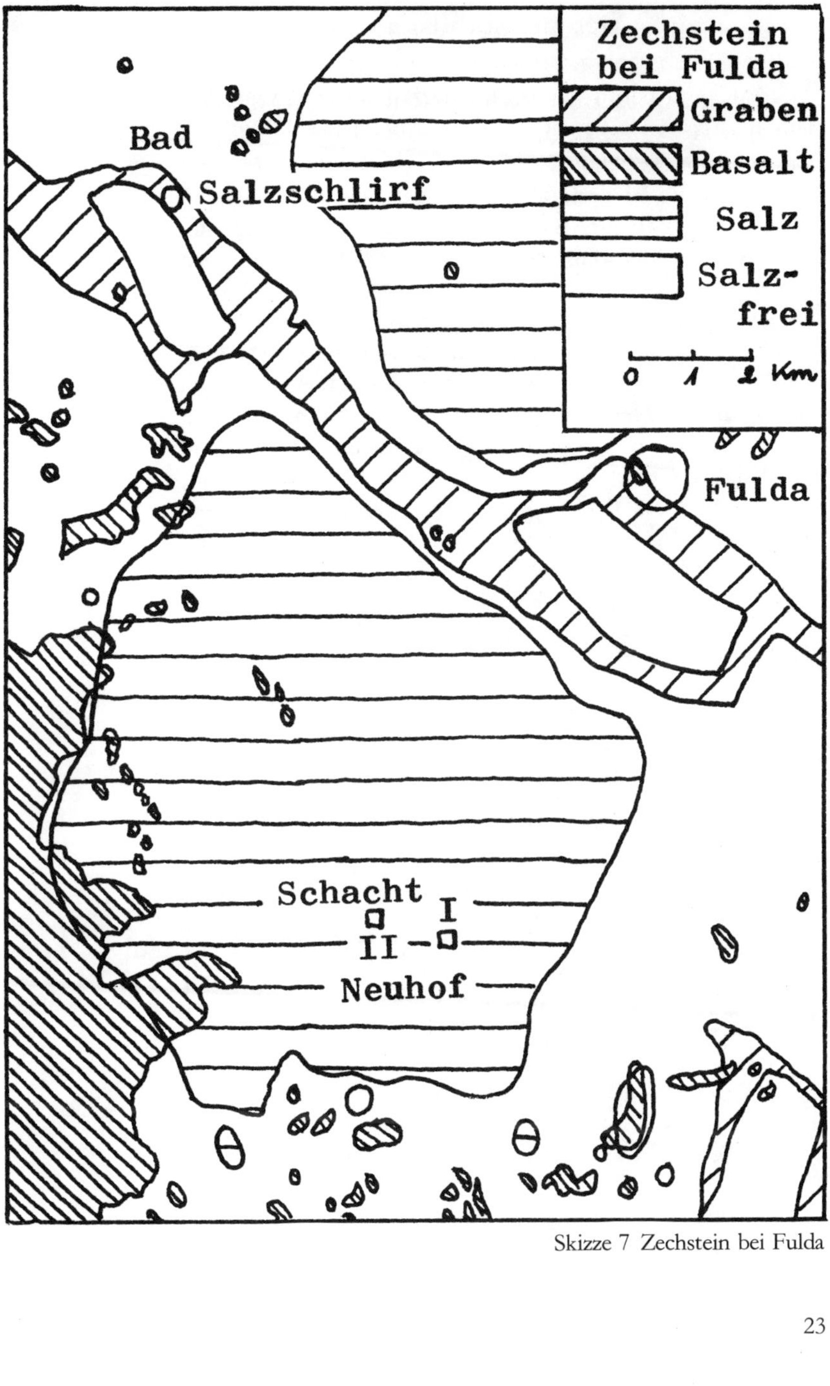

Skizze 7 Zechstein bei Fulda

Der Buntsandstein

Nach dem Ablauf der Zechstein-Zeit vor 230 Millionen Jahren endete der Zeitraum, den die Geologen als das Erdaltertum bezeichnen. Es begann nun das geologische Erdmittelalter. Es umfaßt drei große Abschnitte, die Trias („Dreiheit"), den Jura und die Kreide. Die Trias wiederum gliedert sich in den Buntsandstein, den Muschelkalk und den Keuper.

Die Buntsandstein-Zeit begann vor 230 Millionen Jahren und hat 15 Millionen Jahre gedauert.

Während unser Gebiet in der Zechstein-Zeit Anschluß an ein nördliches Meer hatte, änderte sich das nun. Aus dem Nordmeer hoben sich weite Gebiete heraus, die Festland wurden. Das Gebiet Deutschlands blieb zwar meeresbedeckt, gehörte aber als flaches Randbecken nunmehr zu einem großen Mittelmeer, das die ganze Erde umspannte und durchschnittlich 1500 km bereit war. Das gegenwärtige Mittelmeer ist ein nur geringer Rest davon. Skizze 8 auf Seite 24 zeigt den südlichen Teil des Buntsandstein-Meeres.

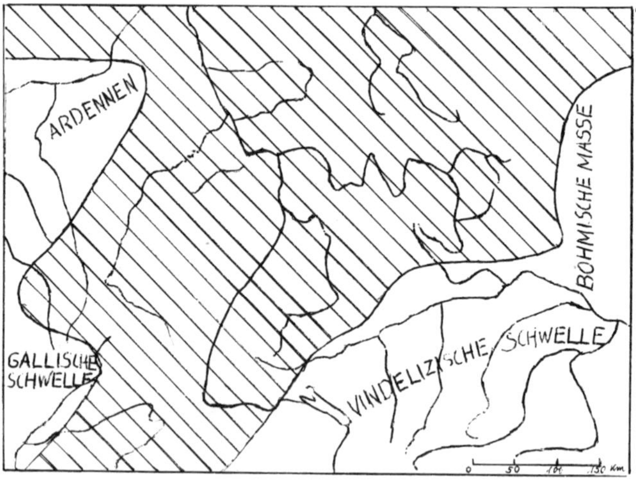

Skizze 8 Der südliche Teil des deutschen Buntsandstein-Meeres

Es wurde im Westen durch die gallische Schwelle und die Ardennen begrenzt, im Norden durch ein Festland, das große Teile der heutigen Nordsee sowie Skandinavien umfaßte, und im Osten durch die polnisch-russische Festlandmasse, zu der auch Böhmen gehörte. Im Südosten ragte die vindelizische Schwelle des heutigen Bayern empor, und nur nach Südwesten hin erstreckte sich ein etwa 100 km breiter Meeresarm durch das südöstliche Frankreich und das östliche Spanien zum Mittelmeer. (Die Vindelizier waren Kelten).

Das in Skizze 8 eingezeichnete Flußnetz ist das gegenwärtige und dient daher nur der Orientierung.

Ein heute nicht mehr bestehendes und auch nicht mehr rekonstruierbares Flußnetz brachte den Verwitterungsschutt der Festländer in das Meeresbecken. Dieser Schutt bestand hauptsächlich aus widerstandsfähigen Sandkörnern und Feldspat. Beide wurden in unserem Gebiet in einer Mächtigkeit bis zu 600 m als durch Verkittung mehr oder weniger verfestigter Buntsandstein abgelagert. Die z. T. rötliche Färbung ist auf Eisenoxide zurückzuführen. In Bruchspalten schlug sich auch Brauneisenstein nieder.

Da die Zufuhr des Verwitterungsmaterials vorwiegend von Südwesten her erfolgte, stammt es hauptsächlich von der gallischen Schwelle.

Da das Meeresbecken verhältnismäßig flach war, führten schon geringe Bewegungen der Erdkruste dazu, daß zeitweise große Teile des Gebietes auch trockenfielen. Das Trockenfallen einzelner Gebiete konnte auch durch Delta-Aufschüttungen der Flüsse herbeigeführt werden. Diese Teile nahmen bei dem damaligen heißen Klima einen wüstenartigen Charakter an. Wechselnde Windrichtungen führten zu kreuzweisen Überschichtungen der Sandmassen. In dem Gestein deuten Rippelmarken, Kolkmarken und Strömungsmarken auf eine nur seichte Wassertiefe hin.

Der Buntsandstein wird in den unteren, mittleren und oberen gegliedert. Wie die Gesteinsfolgen lehren, gab es im unteren Buntsandstein drei Hebungen und Senkungen, im mittleren deren vier und im oberen nochmal zwei.

Die Tafel am Schluß des Buches zeigt die gegenwärtige Verbreitung des in unserem Gebiet zutagetretenden Buntsandsteins.

Ein Blick auf die Tafel lehrt, daß unser Gebiet etwa zur Hälfte von Buntsandstein bedeckt ist. Es sind das der Büdinger Wald und fast der gesamte Spessart. Beide sind heute meist mit Wald bestanden und verhältnismäßig gering besiedelt.

Die Gesteine des unteren Buntsandsteins bilden im großen und ganzen den südwestlichen Teil des großen Buntsandstein-Gebietes. Er erreicht eine Mächtigkeit, die im Südwesten 260 m beträgt und nach Nordosten auf 300 m ansteigt. Zuunterst besteht er aus 50–60 m mächtigem lockerem Bröckelschiefer. Während seiner Ablagerung ragten die Urgebirgskerne des Odenwalds, des Spessarts und der Rhön noch aus dem Meeresbecken auf. Später versank jedoch auch diese Mittelgebirgsschwelle, und es bildete sich ein einheitlicher flacher Absatzraum. In ihm setzten sich die später zu hartem Sandstein verfestigten Verwitterungsprodukte ab, die erst vom Süden und später auch von der böhmischen Masse zugeführt wurden, wie man einmal aus der Zusammensetzung und zum anderen aus der mit wachsender Entfernung vom Ursprungsort abnehmenden Geröllgröße schließen kann.

Der Wechsel vom weichen Bröckelschiefer des unteren Buntsandsteins zum harten Sandstein des mittleren Buntsandsteins führte dazu, daß die Flächen des Buntsandsteins hier an vielen Stellen eine deutliche „Landstufe“ erkennen lassen. Wenn man von Hanau kommend die Kinzig aufwärts fährt, sieht man sie am Rande des Vogelsberg als den Anstieg des Büdinger Waldes. Sie überquert bei Wirtheim die Kinzig und verläuft von dort am Ostrand des Urgestein-Spessarts weiter nach Süden.

Früher muß sich die Landstufe des Büdinger Waldes dagegen viel weiter westlich fortgesetzt haben, denn südlich von Meerholz ist ein inselartiger Rest dieser ehemaligen Landstufe erhalten geblieben, es sind die „Zeugenberge“ des Rauenbergs sowie des Meerholzer und Niedermittlauer Heiligenkopfs, die fast 150 m über die Kinzigebene hinausragen und die früher westlichere Lage der Landstufe bezeugen. Der ehemals unmittelbar östlich der „Insel“ vorhandene Buntsandstein ist der Verwitterung und Abtragung zum Opfer gefallen. Den größten Teil der Abtragungsarbeit haben sicher die Gewässer geleistet, die dem heutigen Schandelbach und seinen Zuflüssen entsprechen. Der Schandelbach mündet bei Gelnhausen in die Kinzig. Er hat einen in 373 m Höhe entspringenden Zufluß, den Brühlgraben. Die Mündung des Schandelbachs in die Kinzig liegt bei 126 m. Das Gefälle des Brühlgrabens und seiner Fortsetzung im Schandelbach hat den sehr hohen Wert von über 30 Promille. Auf den ersten 5,6 km des insgesamt 8 km langen Laufs sind es sogar 42 Promille, d. h. auf je 24 m Lauf gelangt das Wasser in ein 1 m tieferes Niveau.

Der mittlere Buntsandstein bedeckt in seiner Mächtigkeit von ebenfalls etwa 300 m fast den gesamten übrigen Bereich unseres Raumes.

In das Meeresbecken ergoß sich zunächst grobkörniges und geröllführendes Material, das vorwiegend von der böhmischen Masse stammte, wie man aus der Zusammensetzung schließen kann. Danach kamen ähnliche Gesteine auch aus südlichen Gebieten. Besonders nach einer Hebung der gallischen Schwelle steigerte sich die Zufuhr grobkörniger Gesteine, die z. B. ganze Kieselsteine enthalten.

Teile des Gebietes wurden jedoch schon zu Beginn der mittleren Buntsandstein-Zeit auch zu Festland, das dann eine wüstenartige Landschaft bildete. Bei dem lebensfeindlichen Klima sind in den immer gut durchlüfteten flachen Meeresbecken Lebensspuren nur selten zustandegekommen. In unserem Gebiet, z. B. in der Nähe von Neuhof, fand man die Fährten des Chirotheriums (des Handtiers), eines großen, zeitweise auf den Hinterbeinen aufrecht gehenden Reptils, das dann etwa 1,50 m bis 2,00 m groß gewesen ist.

Gegen Ende der Buntsandstein-Zeit kam es zu einer kräftigen Absenkung des deutschen Beckens, und es wurde nunmehr auch von Norden her – wegen der weiten Entfernung sehr feinkörniges – Verwitterungsmaterial in unser Gebiet geschwemmt. Es sind die tonreichen Feinsandsteine, die Tone und Tongesteine des oberen Buntsandsteins oder Röts.

Der obere Buntsandstein tritt in unserem Gebiet im Becken von Schlüchtern zutage, er hat dort eine Mächtigkeit von etwa 90 m.

Der Buntsandstein wurde hier und da durch an Verwerfungsspalten aufsteigende kieselsäurehaltige Wässer in sehr harten Quarzitfels umgewandelt. Nach der Verdunstung des Wassers wurde die Kieselsäure frei. Sie verband den lockeren Sandstein und ging in den festen Zustand über. Der Quarzitfels setzt der Verwitterung sehr großen Widerstand entgegen, so daß er an mehreren Stellen die Erdoberfläche in Blöcken bedeckt. Das größte Vorkommen ist der Weiße Stein am Nordhang des Vogelskopfs bei Breitenborn, das etwa 7 km nördlich von Gelnhausen liegt. Er besteht aus einer Felswand und davorliegenden großen Blöcken.

In der Steinzeit haben die Menschen den Quarzit zu Geräten verarbeitet. Am Weißen Stein hat man mehrere davon gefunden.

Überall in unserem Gebiet wurde der Buntsandstein bis zum Ende des vergangenen Jahrhunderts reichlich zum Bauen verwendet. Fast jeder Ort verfügte früher einmal über einen Steinbruch. Heute liegen all diese Steinbrüche still, der große Aufschwung der Zementbauweise hat den schönen Sandstein verdrängt.

Wenn man besondere Ansprüche an die Beschaffenheit des Sandsteins stellte, hat man ihn freilich auch von weither geholt. So stammt der Buntsandstein, aus dem man die Pfarrkirche St. Marien in Gelnhausen erbaut hat, aus der Umgebung von Miltenberg am Main. Dagegen wurde die dortige Kaiserpfalz aus Sandstein erbaut, den man in Steinbrüchen oberhalb von Gelnhausen gewonnen hatte.

Die Tone des Röts werden heute noch in der Ziegelei von Sannerz bei Schlüchtern abgebaut.

Der Muschelkalk

Auf die Zeit des Buntsandsteins folgte die des Muschelkalks. Sie begann vor etwa 210 Millionen Jahren und hat rund 10 Millionen Jahre gedauert.

In dieser Zeit wurde unser Gebiet vollständig vom Meer bedeckt. Das Meer hatte jedoch wieder den Charakter eines Binnenmeeres, weil es nur durch einen südöstlichen und einen südwestlichen Arm mit dem großen Welt-Mittelmeer in Verbindung stand. Die Skizze 9 auf Seite 29 zeigt das.

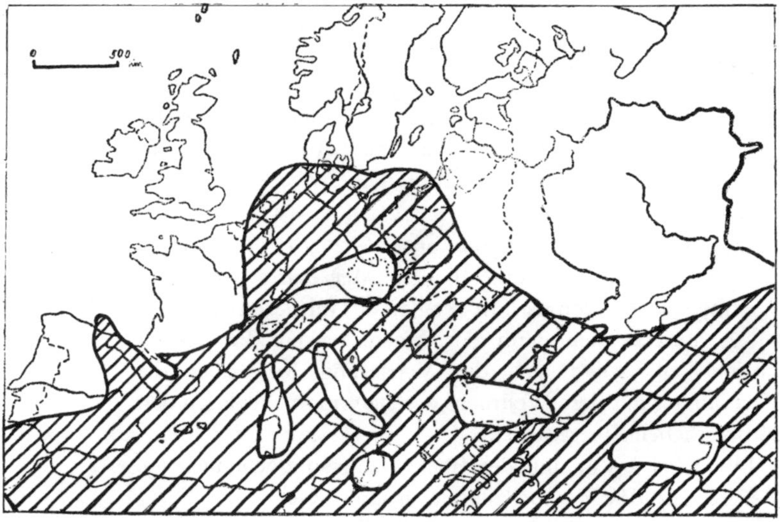

Skizze 9 Europa zur Muschelkalk-Zeit

Ein Teil der Tierwelt des Weltmeeres konnte hier heimisch werden und zahlreiche Lebensspuren hinterlassen. Daß es jedoch nur wenige Tierarten waren, ist auf den sich allmählich verändernden Salzgehalt des Randmeeres zurückzuführen, auf den viele Tierarten empfindlich reagiert haben. Besonders die Terebratuliden bevölkerten lange Zeit hindurch das Meer. Die Schalen der abgestorbenen Tiere setzten sich auf dem Meeresgrund ab. Muschel-Kolonien bauten große Riffe auf. Auch die Seelilien waren gesteinsbildend, und kalkbildende Algen lebten ebenfalls.

Das Muschelkalkmeer kann mit der heutige Ostsee verglichen werden. In ihr nimmt der Salzgehalt von Westen nach Osten immer mehr ab, weil sie nur im Westen eine ziemlich schmale Verbindung mit der Nordsee hat. Die Durchschnittstiefe der heutigen Ostsee beträgt 50 m. Einige Teile des Muschelkalkmeeres waren mehrere hundert Meter tief, viele andere nur 10–15 m.

Das Klima war so trocken wie das des jetzigen Mittelmeerraumes. Es begünstigte eine starke Verdunstung, was einen höheren Salzgehalt als im Weltmeer zur Folge hatte.

In das Muschelkalkmeer wurde aus den Festlandgebieten Ton eingeschwemmt, dazu auch Kalkschlamm, der von Kalken des Erdaltertums stammte. Auch der im Weltmeer gelöste Kalk kam hier teilweise zur Ablagerung. Man unterscheidet den unteren, mittleren und oberen Muschelkalk.

Im unteren Muschelkalk war unser Gebiet ein Flachmeer, das nur durch den südöstlichen Meeresarm mit dem Weltmeer verbunden war. In der Zeit des mittleren Muschelkalks vertiefte sich dann das Meeresbecken. Im oberen Muschelkalk setzte sich die Vertiefung fort, aber die Verbindung mit dem Weltmeer geschah nunmehr durch den südwestlichen Meeresarm.

Die Tafel am Schluß des Buches zeigt die gegenwärtige Verbreitung des Muschelkalks in unserem Gebiet.

Er tritt fast nur im Schlüchterner Raum zutage, weil dieser nach der Muschelkalk-Zeit abgesunken ist. In allen anderen Teilen unseres Gebietes ist er zwar auch angelagert, aber später wieder abgetragen und von anderen Gesteinen überdeckt worden.

Wir finden unteren Muschelkalk nordwestlich von Wächtersbach am Kalkrain in einer Mächtigkeit von 20 m. In der Talöffnung der Salz tritt er bei Romsthal an mehreren Stellen zutage, ebenso in der Talöffnung des Ulmbachs westlich und nördlich von Marborn, ferner im Steinebachtal, wo er beide Ufer bis weit über Kressenbach hinaus begleitet und die östlichen Höhen bildet, auch den nördlich von Kressenbach gelegenen Weinberg.

Im Schlüchterner Becken bildet er die Hauptmasse aller Berge, er ist dort in der Mitte etwa 70 m mächtig. Seine ursprüngliche Mächtigkeit war 90 m.

In dem Graben, der sich von Neuengronau über Mottgers und Schwarzenfels nach Oberzell erstreckt, findet man neben dem unteren Muschelkalk auch noch mittleren und oberen.

Die Gesamtmächtigkeit des Muschelkalks hat in unserem Gebiet 175 m nicht überschritten.

Der Muschelkalk ist früher zum Kalk-Brennen, zur Herstellung von Schotter und auch als Baustein verwendet worden.

Soweit das Quellwasser den Muschelkalk durchsetzt, hat es für den praktischen Gebrauch den Nachteil einer sehr großen Härte (20°–30°).

Da unterirdisch fließende Wässer den Kalk auflösen können, sind in ihm an mehreren Stellen Hohlräume entstanden. Durch den Einsturz der die Decke bildenden Muschelkalkschichten haben sich dann an der Erdoberfläche trichterförmige Vertiefungen gebildet, die man Dolinen nennt. In der Nähe von Weiperz, das 7 km südöstlich von Schlüchtern liegt, befinden sich 14 Dolinen. Die beiden größten haben einen Durchmesser von etwa 100 m. Die Dolinen liegen rund 1 bis 2 km westlich und nordwestlich von Weiperz im dort die Oberfläche bildenden Muschelkalk.

Nach ihrer Entstehung sind später – in der Zeit des Tertiärs – Tone und Gerölle von hellen Quarzen, bunten Sandsteinen und schwärzlichem Kieselschiefer eingeschwemmt worden, die man „Weiperzschotter“ nennt. Sie entstammen alle dem umgebenden Buntsandstein. Die frühere Vermutung, daß ihr Ursprung in großer Entfernung, etwa im Thüringerwald, gelegen habe, hat sich nicht bestätigt, weil die gerundeten Gerölle Durchmesser bis zu 60 cm aufweisen, so daß sie aus der näheren Umgebung stammen müssen. Allerdings sind in der Buntsandsteinzeit die in ihm hier und da vorhandenen schwärzlichen Kieselschiefer von sehr weit her eingeschwemmt worden, wahrscheinlich aus dem Fichtelgebirge.

Die Dolinen bei Weiperz sind wegen ihrer späteren Auffüllung heute im Gelände nur noch schwer auszumachen

– mit einer Ausnahme: Unweit des Sportplatzes von Weiperz und südwestlich von ihm ist ein tiefer Einsturztrichter ausgezeichnet zu erkennen.

Daß bei Weiperz im Muschelkalk zahlreiche unterirdische Wässer fließen, wird dadurch bestätigt, daß am Rand des Muschelkalks über dem undurchlässigen Röt in Entfernungen bis zu 600 m von den Dolinen über 20 Quellen zutagetreten.

Der Muschelkalk ist in unserem Bereich das an Versteinerungen reichste Gestein, so daß viele der heute stillgelegten Steinbrüche für die Liebhaber von Fossilien (Versteinerungen von Lebewesen) willkommene Fundgruben sind, die das Leben der Zeit vor 210 Millionen Jahren anschaulich werden lassen.

Der Keuper

Nachdem sich das Meer im oberen Muschelkalk zurückgezogen hatte, erfolgte mit dem Beginn der Keuper-Zeit vor rund 205 Millionen Jahren ein erneuter Vorstoß des Meeres. Den Charakter eines sehr flachen Meeresbeckens mit nunmehr nur noch spärlicher Pflanzen- und Tierwelt behielt das Keupermeer jedoch bei.

Aus der Zeit des unteren Keupers sind bei uns nur geringe Ablagerungen vorhanden. Es ist der Lettenkeuper, der sich aus dunklen, sandigen und tonigen Schiefern und Sandsteinen zusammensetzt. Man findet ihn im Mottgerser Graben.

Falls in der Zeit des mittleren und oberen Keupers in unserem Gebiet auch Ablagerungen entstanden waren, sind sie später durch die Abtragung verschwunden. Vielleicht war unser Gebiet in dieser Zeit aber auch wieder Festland, was das Fehlen von Ablagerungen aus dieser Epoche auch erklärt.

Die Keuper-Zeit, die rund 10 Millionen Jahre gedauert hat, endete vor etwa 195 Millionen Jahren.

Jura und Kreide

In der Jura-Zeit gab es in Deutschland ein Meeresbecken von sehr großer Ausdehnung. Es stand in breiter Verbindung mit dem Welt-Mittelmeer und auch mit dem nördlichen Weltmeer. Wahrscheinlich haben sich bei uns in dem flachen Randmeer anfänglich auch Ablagerungen gebildet. Aber es sind keine Spuren mehr davon vorhanden, denn mitten in der Jurazeit – vor etwa 165 bis 170 Millionen Jahren – endete für unser Gebiet zunächst der Zeitraum von immerhin etwa 75 Millionen Jahren Dauer, in dem es mehr oder weniger vom Meer bedeckt gewesen ist. Nachdem sich schon in der Keuper-Zeit die Festländer um das Meeresbecken herumgeschoben hatten, kamen nunmehr auch die den Boden des Meeresbeckens bildenden Krustenteile der Erde in Bewegung, und zwar wurden sie gehoben, so daß unser gesamter Bereich Festland wurde.

Diese Festlandzeit erstreckte sich über das Ende der Jura-Zeit hinaus noch über die ganze dann folgende Kreide-Zeit und sogar noch in die dann beginnende Zeit des Tertiärs hinein, so daß unser Gebiet etwa 125 Millionen Jahre lang der Abtragung durch Wind und Wetter, Bäche und Flüsse, Frost und Verwitterung preisgegeben war. Dieser lange Zeitraum erklärt einmal das Fehlen von Gesteinen aus den Zeiten des mittleren und oberen Keupers sowie des Jura und der Kreide, und erklärt zum anderen auch das Abtragen von Schichten des Muschelkalks, Buntsandsteins, Zechsteins und des Rotliegenden in großen Teilen unserer Heimat.

Mit der Kreide ging vor rund 65 Millionen Jahren die von den Geologen als Erdmittelalter bezeichnete Zeit zu Ende.

Der Anfang des Tertiärs

Es begann nun die geologische Neuzeit der Erde. Man gliedert sie in das Tertiär (das Dritte) und das Quartär (das Vierte).

Früher hatte man die großen Epochen der Erdgeschichte in Primär (das Erste), Sekundär (das Zweite), Tertiär und Quartär eingeteilt. Geblieben sind heute davon nur noch das Tertiär und das Quartär.

Das Tertiär begann vor rund 67 Millionen Jahren und endete vor etwa 1,5 Millionen Jahren.

Das Tertiär ist die Zeit, in der das Gesicht unserer Landschaft im wesentlichen schon die gegenwärtigen Züge angenommen hat.

Aus der ältesten Tertiär-Zeit, die vor 67 Millionen Jahren begann und vor rund 40,5 Millionen Jahren endete, sind in unserem Gebiet keine Spuren vorhanden, weil es damals Festland war.

Skizze 10 Land und Meer im Mittel-Oligozän des Tertiärs

Erst in dem vor rund 40,5 Millionen Jahren begonnenen Abschnitt des Tertiärs, den man Oligozän nennt, sind wieder Ablagerungen entstanden.

In jener Zeit wurde das Nordmeer mit dem Mittelmeer zeitweise durch einen langen Meeresarm verbunden, der halb so breit war wie der heutige Ärmelkanal zwischen England und Frankreich und mitten durch unser Gebiet hindurchführte. Skizze 10 auf Seite 34 gibt einen Überblick und Skizze 11 auf Seite 35 einen Ausschnitt für unseren Bereich.

Dieser Meeresarm entstand durch den Einbruch des Oberrheingrabens, auf den ab Seite 50 eingegangen wird.

Die im Oligozän zustandegekommenen Ablagerungen bestehen aus Sand, Tongesteinen (Rupelton), Mergel, Kalk und Quarzschottern.

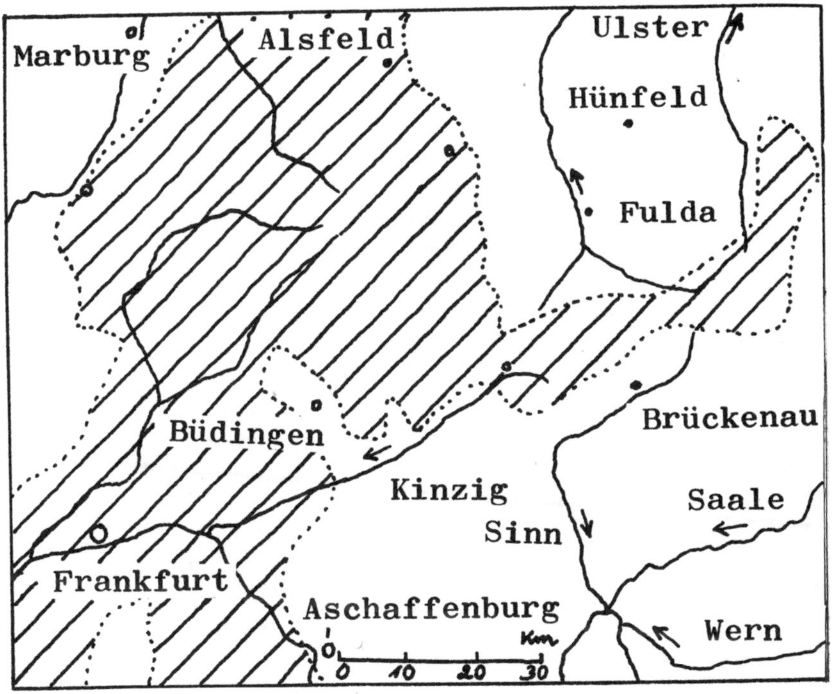

Skizze 11 Das Tertiär-Meer im Kinzig-Gebiet

Nachdem sich die Verbindung zum Nordmeer allmählich gelöst hatte, nahmen die Gewässer unseres Gebietes zunächst den Charakter eines flachen, gut durchlüfteten Küstenmeeres an. In dieses Küstenmeer schwemmten die Flüsse jener Zeit soviel Verwitterungsmaterial hinein, daß sich auch dann noch große Ablagerungen bilden konnten, die z. B. bei Bergen-Enkheim bis zu 28 m mächtig geworden sind.

Die Verlandung setzte sich jedoch fort, so daß sich da, wo früher der Meeresarm war, zahlreiche Süßwasserseen mit vielen Inseln, weite Sumpfgebiete und riesige Moore bilden konnten.

Ein feucht-heißes Klima beherrschte das Wettergeschehen, das der heutigen subtropischen Klima-Zone entsprach. Infolgedessen kam es zu üppigen Wäldern. Sie haben ihre Spuren als Braunkohle hinterlassen, deren Entstehung das nächste Kapitel erläutern wird.

Die Bildung der Braunkohle ist der Anlaß dafür, daß die Geologen das Tertiär auch als Braunkohlenzeit bezeichnen.

In die Süßwasserseen des Oligozäns schwemmten die von Norden kommenden Flüsse vorwiegend Glimmersande und Schotter ein, so daß in ihnen Ablagerungen zustandekamen.

Der Zeit der Oligozäns folgte vor etwa 26 Millionen Jahren die des Miozäns. Dieser Einschnitt ist dadurch gekennzeichnet, daß das Meer von Norden her abermals vorübergehend in unser Gebiet eindringen konnte. Es zog sich jedoch wieder zurück, so daß unser Gebiet danach mehr oder weniger Festland wurde. Zahlreiche Lagunen und Süßwasserseen blieben zurück, die noch von dichten Pflanzengürteln umsäumt waren. Das Klima wurde nun allmählich kälter.

Aus dem Spessart und Vogelsberg, aus dem Taunus und Odenwald brachten die Flüsse das Verwitterungsmaterial heran. Sande, Kiese und Tone wurden abgelagert. Bei Großkrotzenburg sind diese Schichten bis zu 150 m mächtig geworden, bei Gelnhausen immerhin auch noch bis zu 60 m und südlich Schlüchtern in einer Grabenzone über 100 m.

Die tertiären Ablagerungen treten in breiten Bändern nördlich und südlich des Landrückens zutage, der unser Gebiet im Norden begrenzt, sind aber auch im Ostteil des Schlüchterner Beckens großflächig vorhanden. Sie umsäumen auch den Südrand des Vogelsbergs. Ein besonders großes Vorkommen liegt zwischen Hitzkirchen und Spielberg. Bei Schlierbach ist seit 1829 der weiße Ton abgebaut und zu Steingut verarbeitet worden. Bei Hellstein wurde Quarzsand gewonnen. Diese Vorkommen sind heute erschöpft.

Auch im Ronneburger Land und bei Altenhaßlau treten Schotter, Sande, Tone und Kalkgesteine des Miozäns zutage. Sie bilden weiter einen breiten Saum westlich des Rotliegenden in dem Gebiet nördlich von Hanau und erstrecken sich bis Frankfurt hinein, wo sie sich den weitflächigen Tertiär-Ablagerungen der Wetterau anschließen. Die Tertiär-Vorkommen sind auf der Tafel am Schluß dargestellt.

Der Spessart war damals Festland, so daß auf ihm keine tertiären Ablagerungen gebildet werden konnten. Da sein Buntsandstein-Sockel schwach nach Norden geneigt war, sind im Alt-Tertiär wahrscheinlich schon einige den Spessart nach Norden entwässernde Bäche entstanden. Völker vermutet, daß dazu die Bieber gehörte, und Siebert nimmt Entsprechendes für die Jossa an.

Auf Seite 38 zeigt Skizze 12 das gegenwärtige Flußnetz, und in Skizze 13 ist der vermutliche Lauf der Bieber und der Jossa im Alt-Tertiär eingetragen worden.

Danach floß die Bieber also bis Wirtheim genau so wie heute, von da an jedoch zunächst im heutigen Kinzigtal etwa 5 km weiter nach Norden und schließlich im gegenwärtigen Tal der Bracht noch einige Kilometer weiter bis zur Mündung in das alttertiäre Meer.

Da es damals weder die Kinzig noch die Bracht gab, ist diese Annahme von Völker gut begründet.

Entsprechend nimmt Siebert an, daß die Jossa von Marjoß an auch weiterhin nach Norden floß, um in der Gegend der heutigen Ortschaft Bellings in das alttertiäre Meer zu münden. Heute biegt die Jossa dagegen zwischen Mernes und Marjoß nach Osten um und mündet in die Sinn.

Siebert vermutet noch, daß auch die Sinn statt wie heute nach Süden früher einmal nach Norden geflossen sei, was nicht ausgeschlossen werden kann.

Es sei noch erwähnt, daß im Tertiär in der Entwicklung des Lebens die Säugetiere beherrschend wurden. Auch in unserem Gebiet sind in den tertiären Schichten bemerkens-

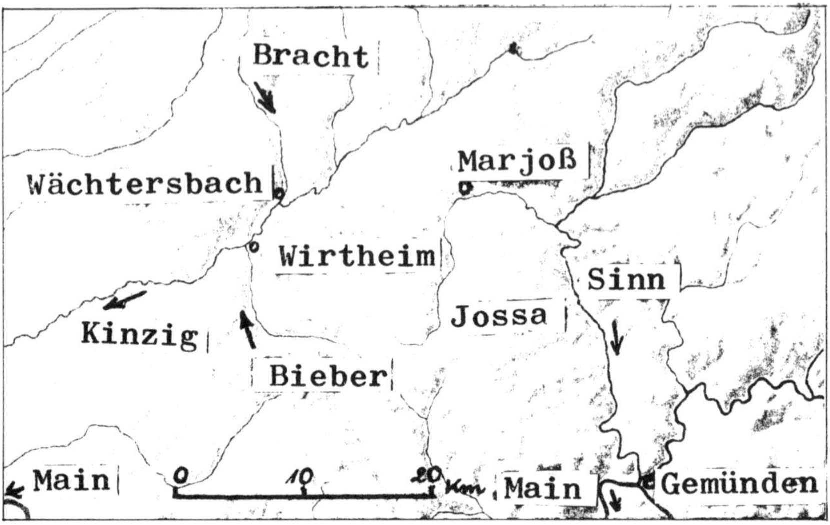

Skizze 12 Das gegenwärtige Flußnetz

Skizze 13 Bieber und Jossa im Alt-Tertiär

werte Funde versteinerter Säugetiere gemacht worden. So fand man am Südportal des Distelrasen-Tunnels der Eisenbahn bei Schlüchtern Reste von einem Vorläufer des Bären. Der 1914 vollendete 3575 m lange Tunnel durchörtert zum großen Teil den oberen Buntsandstein oder Röt. 200 m vom Südportal entfernt kreuzt ihn fast senkrecht ein 300 m breiter Graben, in den tertiäre Tongesteine bis zu 30 m tief in den Röt abgesunken sind. Skizze 14 auf Seite 39 zeigt das Profil durch den Graben.

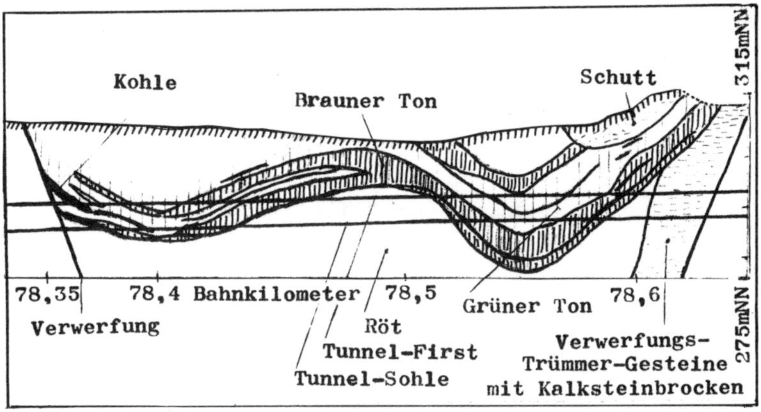

Skizze 14 Schlüchterner Tunnel:
Profil durch den Tertiärgraben nahe dem Südportal

Neben dem braunen und grünen Ton des Tertiärs ist rechts, am Grabenrand, auch abgerutschter und dabei zertrümmerter Muschelkalk zu sehen, der ursprünglich auf dem Buntsandstein lag und über der heutigen Erdoberfläche an dieser Stelle längst abgetragen worden ist. Die Grabenränder haben Neigungswinkel von 70°. In die Tonschichten eingebettet sind Braunkohlenflöze von höchstens 2 m Mächtigkeit. Eines der Flöze ist 150 m lang. Neben der Braunkohle fand man die oben erwähnten Fossilien. In der Zeche Kohlenhof bei Hutten fand man die Reste einer ausgestorbenen Katzen-Art und eines Krokodils. 10 km nördlich von Hanau hat man bei Windecken die Reste eines Nashorns ausgegraben. In dem heißen Klima des Tertiärs haben aber auch Kamele, Giraffen und Elefanten u. a. in unserem Gebiet gelebt.

Die Braunkohle

Es wurde schon erwähnt, daß in der älteren Teritärzeit in unserem Gebiet Braunkohle entstanden ist. Wie ist es dazu gekommen?

Die Braunkohle ist sicher keine Meeresbildung, sondern eine solche des Festlandes. Sie wurde in einer Zeit gebildet, als das Festland an zahlreichen Stellen Süßwasser-Seen, Brackwasser-Teiche, weite Sumpfgebiete und riesige Moore aufwies, und das subtropische, feucht-heiße Klima einen überreichen Pflanzenwuchs ermöglichte, so daß große Wälder von Sumpfzypressen, Zimtbäumen und Mammutbäumen bestanden.

Starben die Pflanzen und Bäume ab, sanken sie in den Sumpf- und Moorgebieten allmählich so tief ein, daß sie schließlich von Wasser und Schlamm bedeckt und damit von der Luft abgeschlossen wurden. Sie verfaulten zu Torf. Wurde der Torf von neuen Schichten bedeckt, geriet er allmählich in größere Tiefen, wo der stärkere Druck und die höhere Temperatur eine chemische Umwandlung der verwesenden organischen Stoffe bewirkten, die man als Inkohlung bezeichnet, was eine Konzentration an Kohlenstoff bedeutet. Der Prozentsatz an Kohlenstoff beläuft sich bei der Braunkohle auf etwa 68 %.

Die Braunkohlenbildung ist ein Prozeß, der Hunderttausende oder Millionen an Jahren gedauert hat, der Höhepunkt ihrer Bildung lag im Oligozän.

Den vollständigsten Überblick über die Braunkohle unseres Gebietes bietet die Elmer Braunkohle. Elm liegt bei Schlüchtern.

Dort sind am Landrücken bis zu 65 m mächtige Tertiärschichten vorhanden, in deren Sande und Tone linsenförmige Braunkohlenflöze eingelagert sind. Es handelt sich um vier Flöze von unterschiedlicher Mächtigkeit. Das mächtigste Flöz ist etwa 4 m dick. Die Flöze liegen in Tiefen bis zu 70 m unter der Erdoberfläche, z.T. aber auch nur 10 m darunter.

Diese Elmer Braunkohlenstufe liegt in Feldern bei Kautz, Käuzelbuch, Rückers und Eichenried nördlich des Landrükkens, also an der nördlichen Grenze unseres Bereichs.

Seit 1759 hat man dort Braunkohle abgebaut. Der Bergbau ist jedoch über ein bescheidenes Ausmaß nicht hinausgekommen. Er wurde 1869 eingestellt.

Im 20. Jahrhundert versuchte man den Abbau in den Notzeiten der beiden Weltkriege noch einmal bei Rückers, aber die uneinheitliche Lage und auch die sehr unterschiedliche Qualität der Kohle, die zum großen Teil mit Ton verunreinigt war, führten schließlich 1948 zur Einstellung der Versuche, weil sie wirtschaftlich nicht lohnten.

Auf der Zeche Kohlenhof zwischen Hutten und Elm ist von 1907-22 Braunkohle gefördert worden. Sie wurde im nahen Elmer Zementwerk verfeuert. Nach dessen Stillegung stellte man 1922 auch den Grubenbetrieb ein.

1951-55 hat man nördlich der Straße Elm-Hutten im Feld Kohlenhof einen erneuten Versuch zur Braunkohlengewinnung unternommen, aber zu einem regelrechten Abbau ist es dort nicht mehr gekommen.

Auch andere Versuche bei Hutten und Gundhelm sind wegen Unwirtschaftlichkeit nicht weitergeführt worden.

Neben der Elmer Braunkohlenstufe ist der Wächtersbacher Braunkohlen-Horizont zu nennen. Er liegt in dem Gebiet zwischen den Orten Wächtersbach-Rinderbügen-Wolferborn-Kefenrod-Streitberg-Spielberg und Wächtersbach.

Das mächtigste Flöz ist hier 3-6 m dick. Die Flöze liegen etwa 3 bis 29 m tief unter der Erdoberfläche. Erstmalig schürfte man hier im 18. Jahrhundert nach Braunkohle.

Der erste nennenswerte Abbau kam jedoch erst 1885 zustande. Die Blütezeit fällt in die Jahre 1907-26. Nach dem zweiten Weltkrieg wurde noch einmal Braunkohle abgebaut, aber die komplizierten Lagerungsverhältnisse führten 1955 zur abermaligen Einstellung.

Der Wächtersbacher Braunkohlen-Horizont zeichnete sich dadurch aus, daß man in ihm meterlange Baumstämme und große Baumstümpfe finden konnte, welche die Entstehung der Flöze aus den Wäldern des Tertiärs unmittelbar vor Augen führten.

Auch andere Abbauversuche sind unternommen worden, z.B. bei Ostheim und Hochstadt sowie bei Roßdorf, wo man ein 5 m mächtiges Flöz antraf. Wegen Unwirtschaftlichkeit ruht der Abbau heute überall in unserem Gebiet.

Die Entstehung von Gräben und Verwerfungen

In den seitherigen Schilderungen der geologischen Vergangenheit unserer Heimat ist schon einige Male die Bildung von Gräben erwähnt worden. Wie entstehen sie?

Die etwa 30 Kilometer dicke obere Erdkruste taucht mit ihren Wurzeln in die untere Erdkruste ein, die sich in einem durch großen Druck und hohe Temperatur verursachten plastischen Zustand befindet. Man sagt geradezu, daß die obere Erdkruste auf der unteren Erdkruste „schwimmt".

In der unteren Erdkruste kommt es durch Aufsteigen wärmerer oder leichterer Massen und durch Absinken kühlerer oder schwererer Materie zu langsamen wirbelartigen Bewegungen, die dann auch die auf ihr schwimmende obere Erdkruste beeinflussen können. In diesen Fällen wird sie in einem langen Prozeß an einigen Stellen emporgewölbt, während sie an anderen Stellen langsam einsinkt.

Da die obere Erdkruste jedoch aus unelastischem festen Material besteht, müssen in ihr dabei Risse entstehen, die als Klüfte oder Spalten in Erscheinung treten. Das beiderseits der Spalten befindliche Gesteinsmaterial wird dann oft gegeneinander verschoben. Das bezeichnet man als Verwerfung. Dabei können in lotrechter Richtung Sprunghöhen auftreten, die Hunderte von Metern betragen.

Bei waagerecht wirkendem Druck auf Teile der Erdkruste muß diese sich in Falten legen. Siehe Skizze 15.

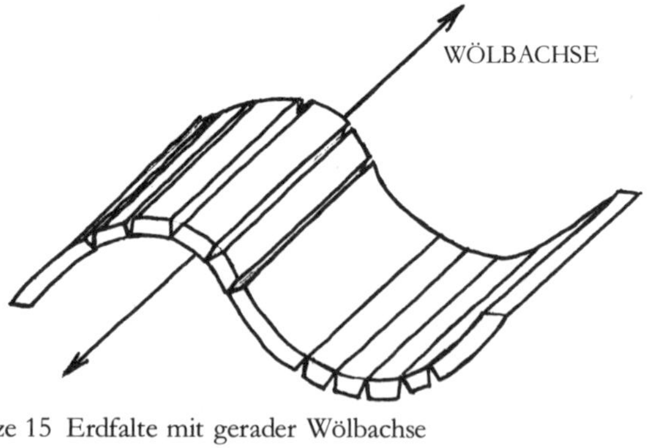

Skizze 15 Erdfalte mit gerader Wölbachse

In dem gewölbten Teil werden die Spalten in der Regel parallel zur Wölbachse liegen. In der hohlen Talsohle laufen sie zwar auch parallel zur Wölbachse, nehmen dort aber den Charakter von Preßfalten und Zuschubklüften an.

In Skizze 15 ist die Wölbachse als Gerade gezeichnet. In Wirklichkeit ist sie jedoch immer eine der Erdkrümmung entsprechende Bogenlinie, wie das in Skizze 16 – übertrieben – gezeichnet ist.

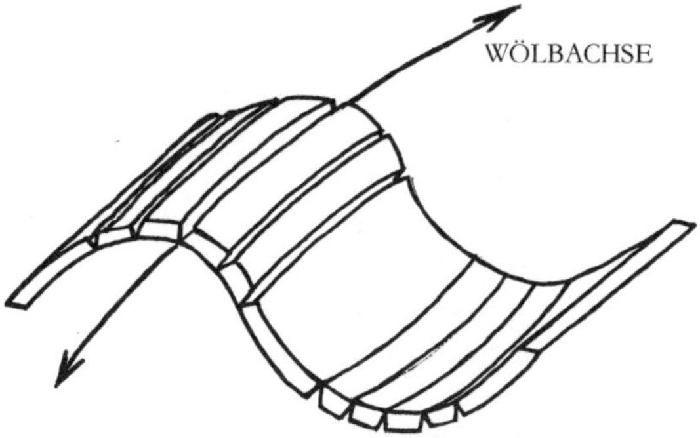

Skizze 16 Erdfalte mit gebogener Wölbachse

Wenn z.B. die Strecke AB in Skizze 17 eine Länge von 10 Kilometern hat, liegt theoretisch der Scheitelpunkt C der Erdoberfläche fast 2 Meter über ihr. Ist die Sehne 100 Kilometer lang, liegt der Scheitelpunkt 197 Meter darüber. Die Skizze 17 ist maßstäblich nicht richtig gezeichnet worden.

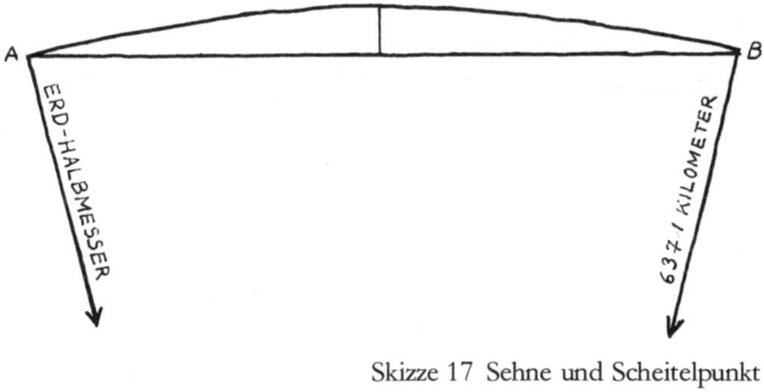

Skizze 17 Sehne und Scheitelpunkt

Da die Wölbachse also keine Gerade, sondern nach oben gebogen ist, werden bei der Scholle im gehobenen Teil der Falte auch noch Spalten erzeugt, die ungefähr senkrecht zur Wölbachse verlaufen, wie Skizze 18 das andeutet.

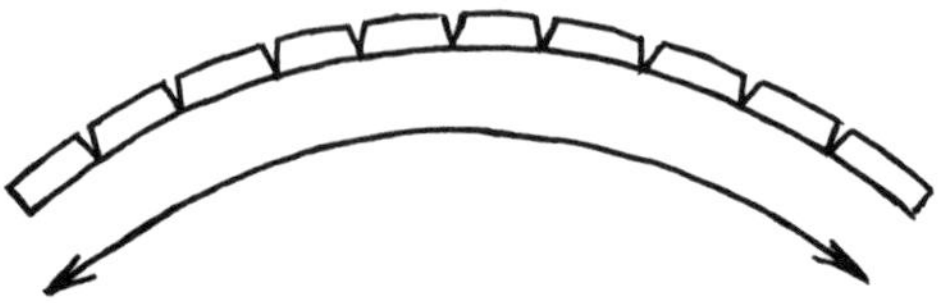

Skizze 18 Erdscholle mit Querspalten

In dem abgesenkten Teil der Falte wird das Gestein dagegen zusammengepreßt. Es kann dabei zu Gesteinsumwandlungen kommen, z.B. wird grobkörniger Granit dann in feingeschichteten Gneis umgewandelt. Es kann aber auch dazu kommen, daß sich die Gesteinsschichten dabei noch einmal in Falten legen müssen.

Nun besteht noch eine weitere Möglichkeit der Entstehung von Spalten, und zwar bei den Groß-Gräben. Wenn Erdteile als große Schollen gegeneinander driften, entstehen Faltengebirge. Wenn die Schollen dagegen auseinander driften, werden in der Erdkruste Gräben aufgerissen. Das geschieht auch dann, wenn eine große Scholle der Erde sich unter dem Einfluß der Fliehkraft von Norden oder Süden her dem Äquator nähert.

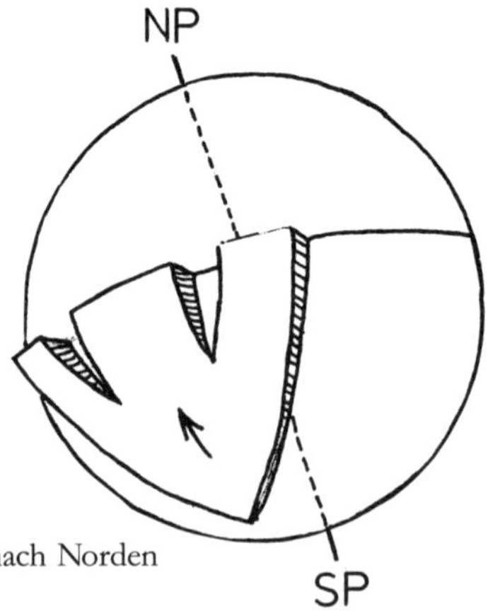

Skizze 19 Drift einer Scholle nach Norden

Da der Erdumfang dort am größten ist, kann die Anpassung in der Regel nur dadurch erfolgen, daß sich die Erdscholle zum Teil aufspaltet. Dabei entstehen dann große Gräben in der Nord-Süd-Richtung, wie Skizze 19 es zeigt.

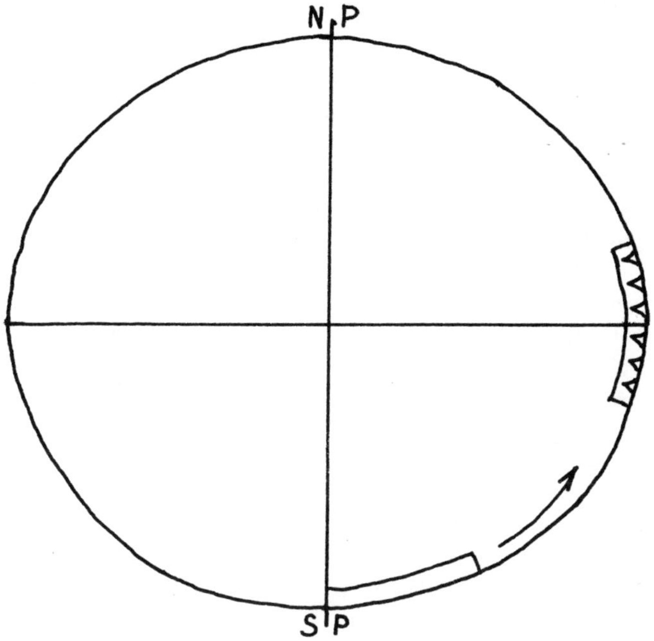

Skizze 20 Krümmung der Erde

Da die Scholle sich am Äquator außerdem der dort stärkeren Erdkrümmung anpassen muß, was Skizze 20 schematisch zeigt, können zudem auch noch Spalten in West-Ost-Richtung entstehen.

In der Erdgeschichte haben ganze Kontinente ihre Lage auf der Erde verändert, so daß die hier geschilderte Erklärung der Entstehung von großen Gräben in nord-südlicher Richtung und von weiteren Spalten oder Mulden auch in west-östlicher Richtung gut begründet ist.

Die Schlüchterner Mulde

In einem früheren Abschnitt ist geschildert worden, daß sich die mitteldeutsche Schwelle (Spessart und Rhön) in der Zechstein-Zeit senkte und vom Meer überflutet wurde. Erst in der Keuper-Zeit, vor rund 200 Millionen Jahren, hob sich die Schwelle wieder etwas empor, so daß das Gebiet in der Jura- und Kreide-Zeit Festland wurde.

Gegen Ende der Jura-Zeit, vor etwa 137 Millionen Jahren, und abermals gegen Ende der Kreide-Zeit und zu Beginn des Tertiärs, vor 67 Millionen Jahren, fanden wiederum beträchtliche Bewegungen in der Erdkruste statt. Die mitteldeutsche, von SW nach NO reichende Schwelle wurde abgesenkt. Daneben bildete sich nördlich von unserem Gebiet ein senkrecht dazu angeordneter Sattel, der im Kellerwald begann und sich bis in die Gegend von Kissingen und Haßfurt (östlich von Schweinfurt) fortsetzte. Skizze 21 auf Seite 47 zeigt einen Teil davon. Er ist durch die dunklen Rauten dargestellt worden.

Im Gebiet von Neuhof macht sich der Kellerwaldsattel als flacher Gewölbebau bemerkbar. Die Streichrichtung des Kellerwaldsattels von NW nach SO wird als harzische oder herzynische bezeichnet, weil sie der Längsachse des Harzes entspricht.

Neben diesem Kellerwaldsattel entstand eine ihm im SW vorgelagerte Mulde, die sich von der Frankenberger Bucht durch den Vogelsberg bis in unser Gebiet erstreckt, wo sie als Schlüchterner Mulde bezeichnet wird. Sie verläuft hier von Freiensteinau über Schlüchtern nach Mottgers. Ihre Fortsetzung nach SO geht über Hammelburg bis in die Gegend südlich von Schweinfurt. Sie wurde durch x-Zeichen gekennzeichnet.

Die Schlüchterner Mulde ist die Voraussetzung für das sich hier später bildende tiefe Schlüchterner Becken gewesen.

Auch neben dem Kellerwaldsattel und der Schlüchterner Mulde haben die Bewegungen in der Erdkruste spätestens im Alt-Tertiär ihre Auswirkungen durch die Entstehung von Gräben, Falten und Verwerfungen in harzischer Richtung gehabt.

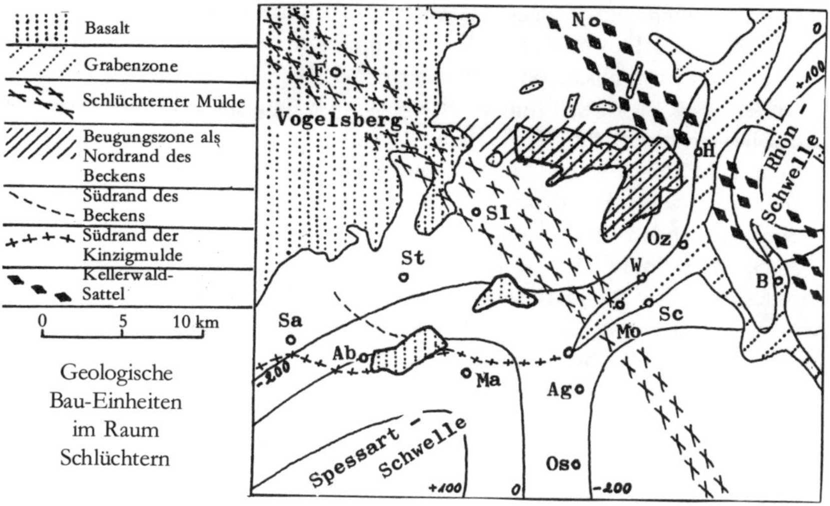

Ab:	Alsberg	F:	Freiensteinau	Mo:	Mottgers	Sc:	Schwarzenfels	Os:	Obersinn
Ag:	Altengronau	H:	Heubach	N:	Neuhof	Sl:	Schlüchtern	Oz:	Oberzell
B:	Brückenau	Ma:	Marjoß	Sa:	Salmünster	St:	Steinau	W:	Weichersbach

Skizze 21 Geologische Baueinheiten im Raum Schlüchtern

Nördlich unseres Gebietes ist da in erster Linie die Fuldaer Grabenzone zu nennen, die durch Krustendehnung und spätere Zusammenpressung geprägt worden ist. Sie ist z.T. in Skizze 7 auf Seite 23 skizziert dargestellt. Sie beginnt etwa 11 km südöstlich von Alsfeld und zieht sich, teilweise als Doppelgraben, von NW nach SO über Bad Salzschlirf und Großenlüder bis nach Bronnzell bzw. Fulda hin. Der Fuldaer Graben setzt sich dann nach SO bis nach Dietershausen und Weyhers fort. Es handelt sich um einen 36 km langen Graben, der westlich von Fulda etwa 1 km breit ist. In den dort anstehenden Buntsandstein ist vor allem Muschelkalk eingesunken.

Diese Grabenzone verläuft parallel zur Schlüchterner Mulde. Beide sind durch den Kellerwaldsattel getrennt.

Aber auch im Gebiet von Schlüchtern, wo die Schollen besonders stark zerstückelt sind, ist bei den Verwerfungen die harzische Richtung häufig festzustellen.

Es besteht kein Zweifel, daß auch unter den Basalten des Vogelsberges zahlreiche derartige Verwerfungen oder sogar Gräben vorhanden sind.

Auch am Südrand des Vogelsbergmassivs, in dem Gebiet nördlich von Wächtersbach und Gelnhausen, sind Verwerfungen der harzischen Richtung vorhanden, ebenso bei Bieber. Skizze 22 auf Seite 48 zeigt zwei Beispiele.

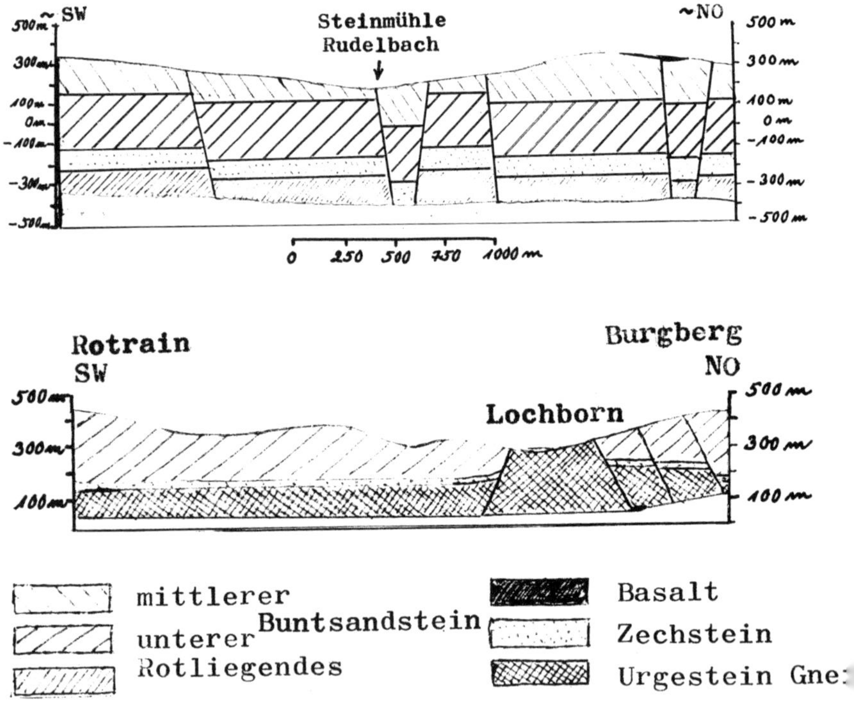

Skizze 22 Verwerfungen bei Wächtersbach (oben) und Bieber (unten)

Das erste Beispiel bieten die zahlreichen Verwerfungen in der Umgebung der im Tal des Rudelbachs gelegenen Steinmühle bei Wächtersbach. Das zweite Beispiel zeigt die Verwerfungen am Lochborn bei Bieber. Sie lehren, daß die Schichten bis zu 120 m senkrecht verschoben sind.

Nun ist früher festgestellt worden, daß möglicherweise sogar in ursächlichem Zusammenhang damit dann auch Verwerfungen in der dazu senkrechten Richtung vorhanden sein können. Das ist hier die etwa von SW nach NO verlaufende erzgebirgische oder variskische Richtung. Ihre Entstehung dürfte auf das mehrfache Auf und Ab der mitteldeutschen Schwelle, also in unserem Gebiet des Spessarts und der Rhön, zurückzuführen sein.

Die Hauptrichtung des Kinzigtals verläuft in der erzgebirgischen Richtung. Auch im Schlüchterner Becken und nördlich des Landrückens gibt es derartige Verwerfungen. Sie durchsetzen auch den Grund des Vogelberges. Auch das Tal der Breiten Sinn von Wildflecken bis Jossa hat die variskische Richtung.

Damit ergibt sich in der Buntsandstein-Zone unseres Gebiets das Bild eines vielfältigen Mosaiks von Schollen, die vorwiegend von harzischen und erzgebirgischen Verwerfungen begrenzt sind.

Zu diesen kommt nun noch eine dritte Art von Verwerfungen hinzu, nämlich die der rheinischen Gräben.

Die rheinischen Gräben

Vor etwa 45 Millionen Jahren trat in Mitteleuropa ein Ereignis ein, das die Erdoberfläche auffällig verändert hat. Auf über 300 km Länge und in einer Breite von ungefähr 35 km begann in einem Millionen Jahre langen Prozeß der Oberrheingraben einzusinken. Er ist ein regelrechter Zerrgraben, der in nord-südlicher Richtung verläuft, die man nach ihm auch die rheinische Richtung nennt.

An seinen Rändern blieben der Schwarzwald und die Vogesen stehen, weiter nördlich der Pfälzer Wald und der Odenwald.

Der Oberrheingraben setzt sich nordwärts fort in das Mainzer Becken und parallel dazu in die Hanau-Seligenstädter Senke. Die Wetterau setzt das Grabengebiet nach Norden fort, und vor der Entstehung des Vogelsberges gehörten auch große Teile seines Gebietes zur Grabenzone. Eine weitere Fortsetzung der Grabenzone bildet der Leinetalgraben, der sich bis nach Norwegen in den Oslo-Fjord und noch darüber hinaus bis zum Mjösen-See verfolgen läßt. Im Süden bildet der Rhônetalgraben die natürliche Fortsetzung des Oberrheingrabens, so daß man von der Mittelmeer-Mjösen-Graben-Zone spricht. Sie ist rund 2000 km lang.

Sein Verlauf geht z.T. aus Skizze 10, Seite 34 hervor. Diese Skizze zeigt den Graben in der Zeit des Mittel-Oligozäns, wo er vom Meere überflutet worden war.

Es ist natürlich, daß damals neben diesem sehr großen Graben parallel dazu noch weitere, kleinere Gräben in der nord-südlichen rheinischen Richtung entstanden sind. So findet man bei und in unserem Gebiet als markantes rheinisches Element einen von Langenbieber (10 km östlich Fulda) sich in südlicher Richtung erstreckenden Graben, der über Friesenhausen-Weyhers-Schmalnau nach Uttrichshausen und Heubach verläuft. Auf Skizze 21 Seite 47 ist er skizziert dargestellt. Er gabelt sich bei Oberzell in zwei Äste. Der östliche schwenkt nach SO ein, führt über Züntersbach nach Bad Brückenau und läßt sich noch 5 km weiter bis nach Magdlos verfolgen. Er hat hier harzische Richtung und ist in einen Doppelgraben aufgespalten.

Der westliche verläuft in südwestlicher Richtung nach Weichersbach, Schwarzenfels und Mottgers und endet bei Neuengronau. Er hat hier erzgebirgische Richtung. Seine Länge beträgt 39 km. Bei Oberzell ist er 2,25 km breit.

Die Grabenfüllung besteht zumeist aus oberem Buntsandstein (Röt), Muschelkalk und Keuper, z.T. auch noch aus tertiären Ablagerungen. Die Grabenränder werden fast durchweg vom mittleren Buntsandstein gebildet. Die in den Graben abgerutschten Schollen sind dabei über 200 m abgesunken. Damit ist diese Grabenzone ein bedeutendes rheinisches Element.

Diese Grabenzone wird bei Uttrichshausen von einem in harzischer Richtung verlaufenden Graben gekreuzt. Auch er ist in Skizze 21 auf Seite 47 skizziert worden. Er beginnt 4 km östlich von Neuhof und südlich von Hattenhof und geht über Büchenberg nach Uttrichshausen, von da über Motten bis nach Kissingen und noch darüber hinaus, womit er insgesamt die beachtliche Länge von mindestens 42 km erreicht.

Gegenüber der Thalau-Friesenhausen-Heubacher Grabenzone lassen die anderen rheinischen Elemente in unserem Gebiet kaum noch den Charakter von Zerrgräben erkennen. Sie machen sich jedoch als nord-südliche Verwerfungslinien oder Taleinsenkungen bemerkbar.

Fast alle der oberen Kinzig von rechts zufließenden Gewässer durchströmen Täler von rheinischer Richtung. Das gilt für den Mordgraben nördlich von Schlüchtern, ferner für den bei Steinau mündenden Steinebach sowie den Ulmbach. Das trifft auch für die bei Salmünster mündende Salz sowie die bei Wächtersbach die Kinzig erreichende Bracht zu.

Von Roßbach bis zur Mündung bei Wirtheim durchfließt auch die von links kommende Bieber einen rheinisch ausgerichteten Talabschnitt.

Im Spessart fließt die Jossa von Pfaffenhausen bis Mernes auch in süd-nördlicher Richtung. Die Schmale Sinn hat von der Papiermühle bis zur Mündung in die Breite Sinn ebenfalls rheinische Richtung. Das Tal der Sinn hat von Jossa bis zur Mündung in den Main nahezu immer rheinische Richtung.

Eine solche Häufung der rheinischen Richtung bei den Tälern kann kein Zufall sein. Die Flüsse sind rheinischen Verwerfungen oder Schwächezonen gefolgt.

Bemerkenswert ist noch eine rheinische Verwerfungszone, die sich von den drei Buntsandstein-Zeugenbergen bei Meerholz nach Norden hin bis nach Haingründau und darüber hinaus erstreckt, wahrscheinlich bis Büdingen.

Hier ist ein regelrechter Graben entstanden, der 10 km lang und bis zu 1,5 km breit ist. Die Absenkungen sind bis zu 50 m tief. Skizze 23 zeigt die Lage des Grabens und Skizze 24 zeigt drei von Westen nach Osten durch den Graben gezogene Querschnitte, bei denen die Senkrechten fünffach überhöht worden sind.

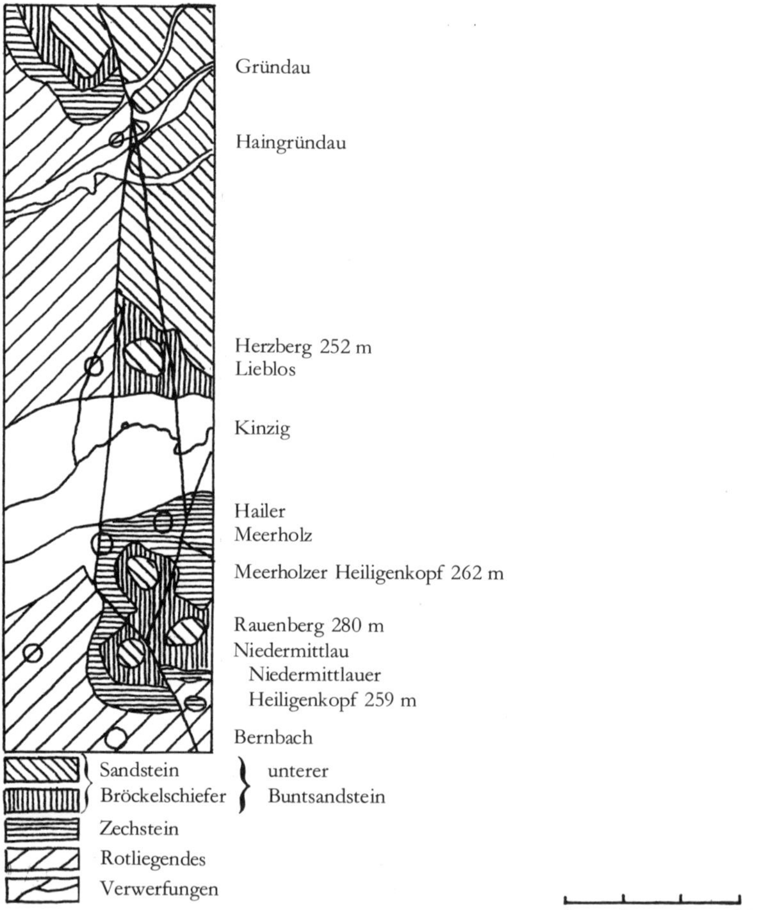

Skizze 23 Grabenzone bei Gelnhausen

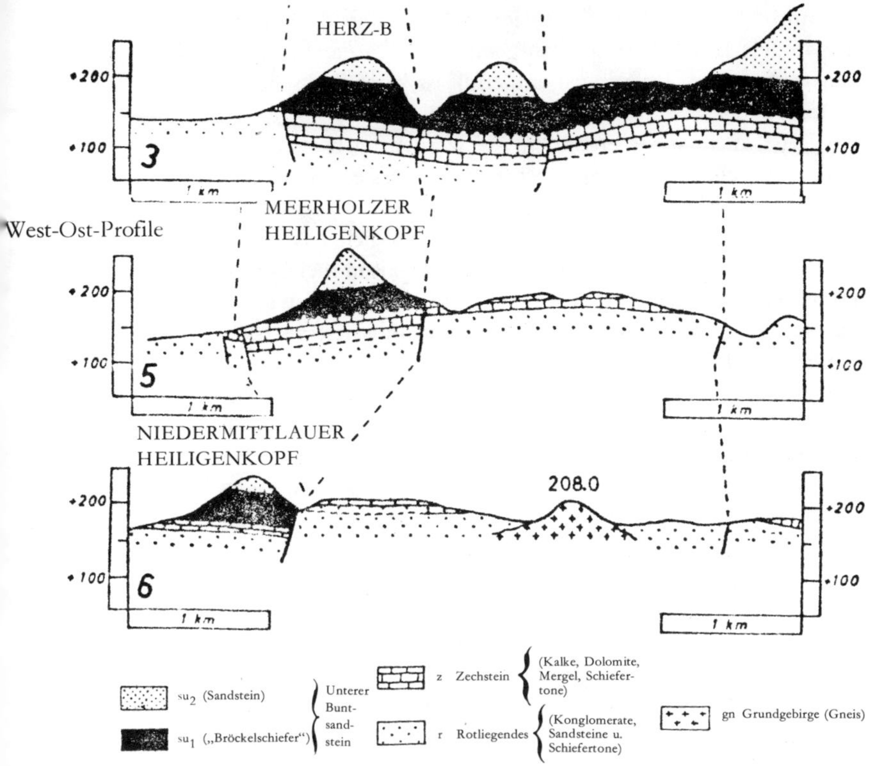

Skizze 24 Querschnitte durch den Gelnhäuser Graben, Profile 5fach überhöht

Man sieht, daß z.B. der Niedermittlauer Heiligenkopf am südlichen Ende der Gabel gegenüber der östlichen Scholle um etwa 50 m abgesunken ist. Die Verwerfung geht von hier aus noch etwa 10 km weiter, allerdings nicht mehr in rheinischer, sondern in harzischer Richtung, also von NW nach SO. Die drei Zeugenberge sind von Bruchspalten umrahmt und voneinander getrennt.

Das Nordende der Gabel läßt sich wahrscheinlich bis nach Büdingen fortsetzen, wo die Verwerfung am aus Basalt bestehenden Wilden Stein endet, der hier sicher aus einer Verwerfungsspalte emporgedrungen ist.

Murawski, der 1963 diese Verwerfungszone erstmals beschrieben hat, sieht in ihr eine kleine Parallele zum

Gesamtbild der großen Mittelmeer-Mjösen-Zone, die ja auch in parallele Bruchabschnitte aufgeteilt ist. In der Hanauer Senke, die mit Ablagerungen aufgefüllt ist, lassen sich die im Untergrund zweifellos auch vorhandenen Verwerfungen in der Regel nicht mehr erkennen, sie werden nach oben nur selten „durchgepaust". Sicher erkannt ist eine von Klein-Ostheim bis Alzenau vorhandene rheinische Verwerfungslinie. Sie zieht sich am Ostrand der Hanau-Seligenstädter-Senke hin, die vor etwa 35 Millionen Jahren als in rheinischer Richtung streichender Graben entstanden ist. Sie ist stark abgesunken, am stärksten am Rand des Spessarts, wo sich später der Main seinen Lauf gebahnt hat.

Die Hanau-Seligenstädter-Senke ist geologisch die östliche Fortsetzung des Mainzer Beckens. Zwischen dem Mainzer Becken und der Hanau-Seligenstädter Senke ist nur der Sprendlinger Horst stehen geblieben, ein flacher Höhenzug, der sich von Sprendlingen nach Süden erstreckt, wo er allmählich in den Odenwald übergeht.

Die natürliche Fortsetzung des Hanauer Beckens nach Norden ist die Wetterau.

Am Ostrand der Wetterau hatte Schottler schon 1936 eine nord-südlich verlaufende Störungslinie erkannt, die sich von Nidda nach Norden hin bis in das Tal des Seenbachs erstreckt, der nach Norden fließend bei Mücke in die zunächst auch nach Norden weiterfließende Ohm mündet. Schottler nannte sie die Seental-Linie.

Es lag nahe, zwischen der Seental-Linie und der Verwerfung Alzenau-Kleinostheim einen Zusammenhang zu vermuten. Reul und Thews glaubten 1977 diesen Zusammenhang nachgewiesen zu haben, nachdem sie den durch die Hanauer Gegend gehenden Verbindungsabschnitt der Seental-Linie mit der Alzenauer Linie auf Satellitenaufnahmen sehen konnten. Sie führen diese Linie als Beispiel dafür an, daß Satellitenbilder sehr weitreichende Bruchzonen erkennen lassen, während die Verwerfungen auf der Erdoberfläche oft nur abschnittsweise erkannt werden können.

Reul und Thews sehen diese Linie als die Fortsetzung des Michelstädter Grabens im Odenwald an, so daß sich von der Mündung des Gammelbachs in den Neckar (in der Nähe von Eberbach) eine durchgehende rheinische Störungslinie von über 140 km Länge bis Nieder-Gemünden an der Ohm ergeben würde, wenn man die Alzenauer Linie mit der Seental-Linie im Hanauer Raum verbindet. Das ist in Skizze 25 dargestellt.

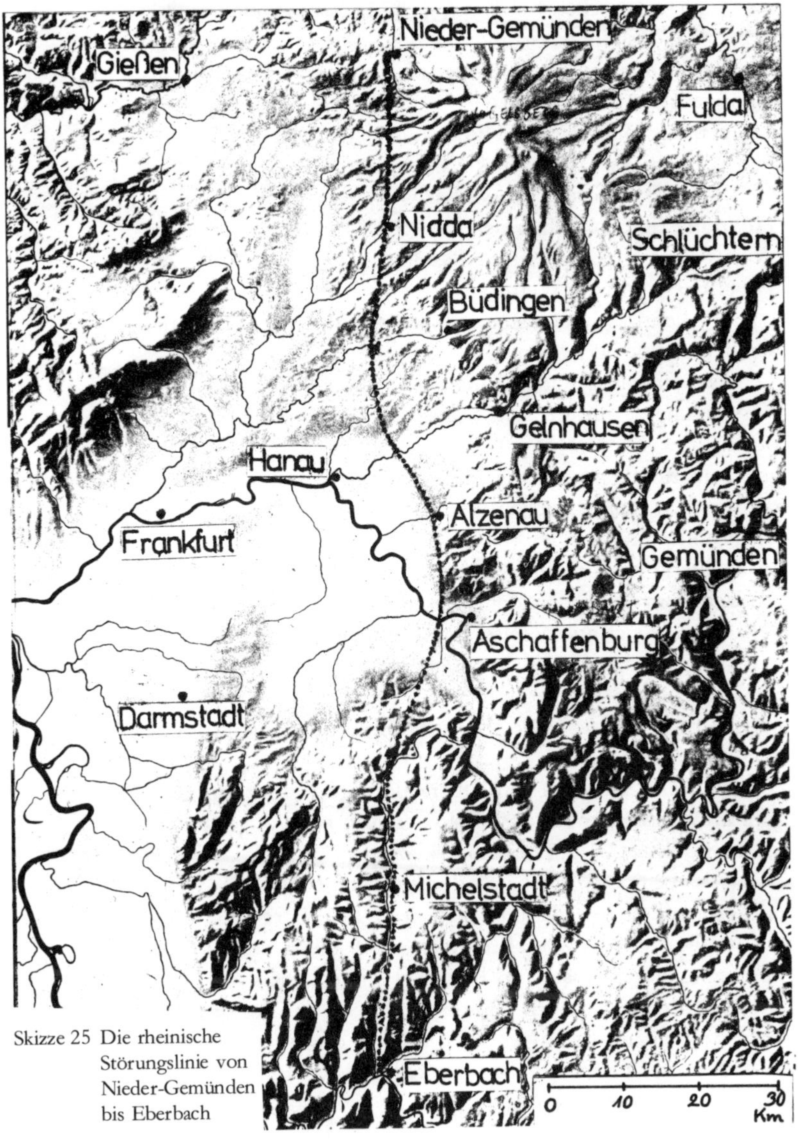

Skizze 25 Die rheinische Störungslinie von Nieder-Gemünden bis Eberbach

Es ist sehr wahrscheinlich, daß diese Verwerfungslinie im Grunde des Hanauer Beckens besteht. Sie verläuft dann von Alzenau über Niederrodenbach nach Rückingen und Ravolzhausen und von dort über Marköbel nach Lindheim in das Tal der Nidder. Zwischen Lindheim und Marköbel kreuzt sie den Höhenzug der Hohen Straße, die den „Wendepunkt“ bildet. Denn im Süden ist das Gelände westlich der Verwerfungslinie abgesunken, nämlich das Hanauer Becken. Im Norden ist dagegen das Gelände östlich der Verwerfungslinie abgesunken, nämlich das Massiv des Vogelsbergs.

Für die Basalte des Vogelsbergs ist die Verwerfung die Trennungslinie zwischen den basischen Basalten des Hohen Vogelsbergs und den sauren Basalten (Trapp) des vorderen Vogelsbergs und der Wetterau. Die Ausdrücke „basisch“ und „sauer“ kennzeichnen dabei einige Unterschiede im Anteil der den Basalt bildenden Mineralien.

Was nun die Zeit der Entstehung all dieser rheinischen Verwerfungen und Gräben betrifft, so dürften sie mit dem Beginn des Tertiärs vor 65 Millionen Jahren ihren Anfang genommen haben und ungefähr gleichzeitig mit dem Oberrheingraben aufgebrochen sein. Dieser Prozeß hat mit wachsender Stärke über 40 Millionen Jahre gedauert und ist anscheinend noch nicht beendet.

Nach dem Aufbruch der Friesenhausen-Heubacher Grabenzone, die sich in rheinischer Richtung von Norden nach Süden erstreckt, ist – möglicherweise in ursächlichem Zusammenhang damit – dazu senkrecht die sich von Westen nach Osten hinziehende Kinzig-Mulde von Schlüchtern entstanden.

Sie wird im Südosten vom Oberzeller Graben begrenzt und geht im Westen mindestens bis an den Rand des Vogelsbergs. Sie ist in Skizze 21 auf Seite 47 skizziert.

Die Kinzigmulde geht im Westen wahrscheinlich weiter, und zwar unter den Basaltdecken des Vogelsbergs hindurch bis in die Gegend von Büdingen. Auf diese vermutliche Fortsetzung wird später noch einmal eingegangen.

Im Norden wird die Kinzigmulde vom Landrücken begrenzt und im Süden vom Nordhang des Spessarts. Die südliche Grenze verläuft etwa von Salmünster im Westen bis nach Neuengronau im Osten.

Die Beugungszone des Landrückens ist in Skizze 21 schräg schraffiert, und der Südrand der Kinzigmulde ist durch die aus kleinen Kreuzen zusammengesetzte Linie dargestellt.

Bei Schlüchtern haben sich also zwei Mulden gekreuzt. Es ist einmal die Schlüchterner Mulde, sie verläuft von NW nach SO.

Zum anderen ist es die Kinzigmulde, sie erstreckt sich von Westen nach Osten.

Das Zusammentreffen der beiden Mulden hat zu der besonders großen Eintiefung des Schlüchterner Beckens geführt.

Als eintiefende Ursache kam allerdings noch ein Drittes hinzu, nämlich die Auslaugung der im Untergrund befindlichen Salzschichten des Zechsteins. Darauf wird später eingegangen.

Der Südwest-Rand des Schlüchterner Beckens ist in Skizze 21 durch die gestrichelte Linie gekennzeichnet.

Der Basalt

Bei den zahlreichen Hebungen und Senkungen von Teilen unseres Gebietes sind in der dabei in Bewegung geratenen Erdkruste auch Gräben, Klüfte, Spalten und Verwerfungen gebildet worden. Ihre Ausläufer schlugen z.T. bis an den unteren Rand der festen Erdkruste hindurch, so daß das darunter befindliche plastische Magma unter dem Druck der auf ihr schwimmenden Kruste nach oben gelangen konnte. Zum Teil zwängte sich das Magma auch zwischen lockere Gesteine der oberen Erdkruste, ohne an die Oberfläche zu gelangen. Es sind dann unter der Erdoberfläche im Untergrund mehr oder weniger große Basaltnester vorhanden, sogenannte Intrusionen. Der größere Teil des Magmas gelangte jedoch an die Erdoberfläche. Es kam dann zu vulkanischen Ergüssen.

Die Hauptmasse der emporgedrungenen vulkanischen Materie bildet heute den Vogelsberg und besteht aus schwärzlich-grauem Basalt, der sich bei der Abkühlung an vielen Stellen zu schönen fünf- oder sechseckigen Säulen verfestigt hat, die immer senkrecht zur Abkühlungsfläche bzw. zur damaligen Erdoberfläche stehen.

Der Vogelsberg ist mit seinem rund 2500 Quadratkilometer umfassenden Gebiet immerhin das größte zusammenhängende Vorkommen vulkanischer Gesteine in Mitteleuropa.

Nun ist die landläufige Vorstellung jedoch falsch, daß der Vogelsberg ein einziger Vulkan gewesen sei, dessen Eruptionsschlot im Gebiet seiner höchsten Gipfel (Hoherodskopf 763 m, Taufstein 774 m) gelegen habe, von dem aus die Basaltmassen dann nach allen Seiten herabgeflossen seien, so daß sich daraus ein annähernd kreisförmiges Basaltgebiet mit einem Durchmesser von etwa 60 km gebildet habe. Wenn das der Fall wäre, müßte die Basaltdecke in der Mitte 600 m dick sein, während sie statt dessen dort nur etwa 200 m mächtig ist.

Es ist vielmehr so, daß im Gebiet des heutigen Vogelsberges eine mehr oder weniger reliefreiche Landoberfläche bestanden hat, die von Norden nach Süden und Südwesten geneigt war. Schollenbewegungen hoben Teile des Gebietes heraus, andere sanken ein. Insgesamt entwickelte sich als Basis der Basalte eine große Schüssel, die in der Mitte am stärksten eingetieft war. Die Durchfurchung des Untergrunds durch Spalten führte schließlich an vielen Stellen zu Basalteruptionen, wobei die meisten Ergüsse sich als breite Decken auf den vorwiegend tertiären Grund von Sanden und Tonen legten. Ausbruchsstollen haben an zahlreichen Stellen bestanden, ihr Nachweis ist schwierig. Da die vulkanischen Ausbrüche in der Regel mit dem Ausstoß von Lockermassen begannen, die sich dann als Tuff absetzten, liegt es nahe, bei den Fundorten von Tuffgesteinen Auswurfschlote zu vermuten. Da der Wind die Asche weit forttragen konnte, ist jedoch nur bei größeren Tuffvorkommen die Wahrscheinlichkeit für eine naheliegende Ausbruchsstelle gegeben.

Ein anderer Hinweis darauf können Einschlüsse fremder Gesteine im Basalt sein, die dieser beim Durchschlagen des Schlotes von dessen Wänden mitgerissen hat.

So hat man beim Sparhof in der Nähe von Heubach im Basalt Einschlüsse von Granit, Quarz und Glimmerschiefer gefunden. Wie tief die Urgesteine dort liegen, ist unbekannt, bei dem etwa 10 km entfernt liegenden Brückenau sind Gneis und Glimmerschiefer in 415 m Tiefe erbohrt worden.

Vor einigen Jahren hat man im westlichen Vogelsberg bei der unweit von Schotten gelegenen Ortschaft Rainrod eine Bohrung im Basalt niedergebracht, die bis zu etwa 500 m Tiefe noch nicht das untere Ende des Basalts erreicht hat. Wahrscheinlich hat man hier in einen Eruptionsschlot gebohrt.

Die Eruptionen des Vogelsbergs begannen frühestens vor 25 Millionen Jahren und endeten spätestens vor 7 Millionen Jahren, erstreckten sich also mit langen Ruhepausen dazwischen über einen Zeitraum von 18 Millionen Jahren.

Der Vulkanismus in der Rhön begann frühestens vor 19 Millionen Jahren, also 6 Millionen Jahre später als im Vogelsberg. Er endete spätestens vor 5 Millionen Jahren, kann also 15 Millionen Jahre gedauert haben. Die Rhön hat über 500 Vulkanschlote mit Durchmessern von 20 m bis 500 m. Die früheren Schlotfüllungen stehen heute zum Teil als Berge da.

Es besteht ein wesentlicher Unterschied zwischen dem Vulkanismus der Rhön und dem des Vogelsbergs. Die Rhön-Vulkane entstanden auf einem Schild der Erdkruste, unter dem sich gasreiche Lava angesammelt hatte, so daß heftige Tuffausbrüche erfolgen konnten. Dagegen entstand der Vogelsberg über einer Schüssel der Erdkruste, unter der sich nur gasarme Lava befand, die dann in ruhigen Deckenergüssen an das Tageslicht kam. Skizze 26 auf Seite 59 zeigt das.

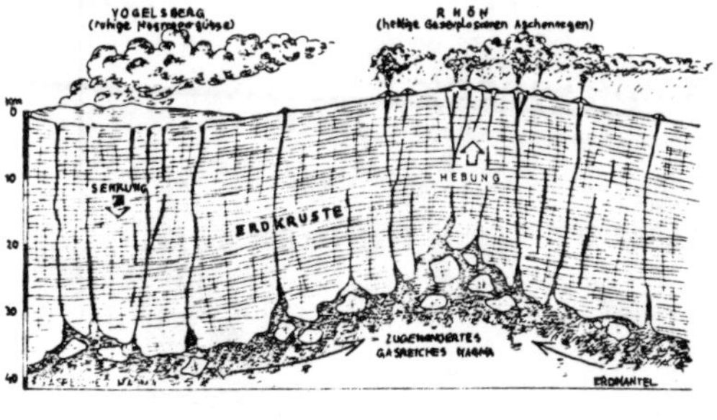

Skizze 26 Vogelsberg und Rhön als Vulkane

Alle Basalte entstammen einer Tiefe von etwa 40 km.

Für sieben Proben aus der Gegend von Wächtersbach sind auch Altersbestimmungen durchgeführt worden. Sie ergaben ein Alter von 14,5 bis 16,8 Millionen Jahren. Mögliche Fehlerquellen lassen diese Werte jedoch als zu niedrig erscheinen. Man kennt aus den Braunkohlen, die zwischen den Basaltdecken lagern, Pflanzenpollen. Deren Alter konnte zwar nicht unmittelbar ermittelt werden, wohl aber mittelbar. Diese Pflanzenpollen kommen nämlich auch an anderen Orten vor, wo das Alter der sie umgebenden Gesteine genau bestimmt werden konnte. Damit kam man auf ein etwas höheres Alter von 18 – 20 Millionen Jahren, was wahrscheinlich zutreffender ist.

Beginnen wir nun mit einem Streifzug durch die Basaltvorkommen unseres Gebiets. Die Tafel am Schluß des Buches zeigt die gegenwärtige Verbreitung des Basalts.

In Skizze 27 auf Seite 60 ist als Ausschnitt davon die im Osten unseres Gebietes vorhandene Heubacher Grabenzone schraffiert dargestellt.

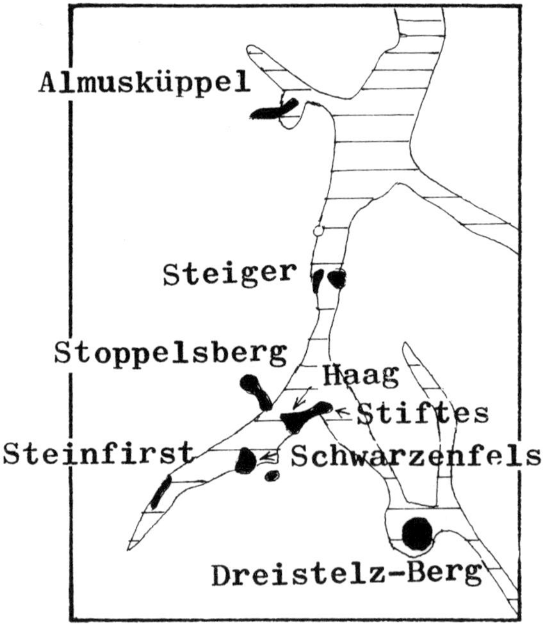

Skizze 27
Die Basaltkuppen der Heubacher Grabenzone

Man sieht, daß bei einem Teil der emporgedrungenen Basaltmassen ein unmittelbarer Zusammenhang mit dieser Grabenzone besteht. Wenn man bedenkt, daß jeder Graben eine Schwächezone mit Spalten und Verwerfungen ist, erscheint ein solcher Zusammenhang verständlich.

Mehrere Basaltkuppen sind im Graben selbst emporgestiegen, so z.B. der 529 m hohe Steiger nördlich von Oberzell, der 585 m hohe Haag und der 568 m hohe Stiftes südlich von Oberzell. Andere Basaltmassen sind unmittelbar am Grabenrand emporgequollen, so z.B. der 571 m hohe Stoppelsberg südwestlich von Mottgers. Der 660 m hohe Dreistelz-Berg südlich von Brückenau ist wieder mitten im Graben emporgequollen.

Nördlich von Schlüchtern liegt die ziemlich geschlossene Basaltdecke des Landrückens, der die Nordgrenze der Kinzigmulde bildet. Zweifellos dienten dem Basalt hier von West nach Ost verlaufende Spalten als Aufstiegswege. Es gibt hier vier Basaltdecken. Die älteste hat sich in einer Mächtigkeit von 10-15 m nur über den Nordhang des Landrückens ergossen. Alle vier Decken zusammen würden mit ihren größten Mächtigkeiten eine 150 m dicke Schicht ergeben.

Nördlich des Landrückens hat man bei Flieden in einer dieser Basaltdecken einen 3,5 m langen verkieselten Baumstamm mit verkohlter Rinde gefunden.

Auch an der Südgrenze der Kinzigmulde sind Basaltmassen aus den Bruchspalten aufgestiegen. Hier ist vor allem das bei Salmünster vorhandene große Vorkommen zu nennen, das sich östlich von Alsberg erstreckt und u.a. den Totenkopf, den Schnepfenkopf und den Eisenkopf aufweist.

Der Name Eisenkopf deutet auf den Eisengehalt des Basalts hin. Er enthält ungefähr 10 Gewichtsprozente an Eisenerzen, so daß etwa 7-8 Gewichtsprozente von reinem Eisen im Basalt enthalten sind.

Bei der Verwitterung des Basalts kann das Eisen ausgelaugt und schalig konzentriert werden. Infolgedessen hat früher an manchen Stellen die Eisenerzgewinnung im Tagebau gelohnt.

2 km westlich von Bad Soden gibt es einen zweiten Eisenkopf, wo verlassene Pingen (Gruben) den früheren Tagebau bezeugen.

3 km nördlich von Schlüchtern finden sich Basalttuffe im Gebiet des Bühls, der Salzlache und des Hommelsteins. Hier haben also wahrscheinlich Förderschlote bestanden. Auch bei Wallroth und bei Gundhelm kommt der Basalttuff vor.

Im Schlingloffs südlich von Gundhelm wird der Basalt heute noch in einem großen Steinbruch abgebaut.

Bemerkenswert ist ein ganz kleines Basaltvorkommen auf der 2 km östlich von Schlüchtern liegenden Bergkuppe des Giebels in der Mitte des Schlüchterner Beckens. Es beweist, daß früher das gesamte Gebiet des Beckens mit Basalt bedeckt gewesen ist. Der Elmbach und die Kinzig haben dann später das Becken teilweise ausgeräumt, wobei nur der zwischen ihnen stehengebliebene Giebel einen kleinen Teil der früheren Decke bewahren konnte.

Nordwestlich von Schlüchtern liegt Freiensteinau. Hier umrahmen mehrere Basaltberge mit Höhen von etwa 440 bis zu 554 m einen rund 4-5 km breiten Kessel, in dem Freiensteinau liegt. 1906 hat von Seyfried die Vermutung geäußert, daß dieser Kessel den Boden eines Kraters bilde und die Berge die Reste des Kraterrandes seien. Da dort größere Tuffvorkommen fehlen, ist diese interessante Annahme jedoch sehr gewagt.

Wir befinden uns bei Freiensteinau bereits mitten in den großen Basaltmassen des Vogelsbergs, die von Seyfried mit Hilfe der Gewässer zu gliedern versucht hat. Er nennt die zwischen je zwei Gewässern liegenden Teile der Basaltdecken Ströme. Da er diese Ströme nach den gegenwärtigen Flußtälern abgrenzt, ist es fraglich, ob die Basaltdecken zur Zeit ihrer Entstehung auch entsprechend gegliedert waren, möglich ist es immerhin.

Als östlichsten Strom bezeichnet er den Basaltrücken des Schlüchterner Stadtwaldes, der im Süden in dem heute stilliegenden großen Steinbruch des Ohls endet. In ihm hat man schöne, 12-18 m lange Basaltsäulen gefunden. Die Basaltdecke ist hier 80-90 m mächtig. In der Nähe des Ohls kommen auch Tuffe vor, so daß hier wahrscheinlich ein Eruptionsherd gewesen ist. Der Basaltrücken des Schlüchterner Stadtwaldes wird im Westen vom Tal des Steinebachs begrenzt. Zwischen ihm und dem Ulmbach befindet sich der nächste Strom. Er endet am Steinauer Weinberg.

Ein weiterer Strom zwischen den Tälern des Ulmbachs und der Salz endet heute am Katzenstein in der Nähe von Marborn, durch Verwerfungen wurde er von der Basaltkuppe des Streuflingskopfs getrennt.

Der nächste Strom liegt zwischen den Tälern der Salz und des bei Birstein in die Bracht mündenden Reichenbachs. Er ist bis zu 6 km breit und endet 2 km westlich von Bad Soden am oben bereits erwähnten Eisenkopf.

Zwischen dem Reichenbach und der oberen Bracht liegt der nächste Strom. Er ist etwa 3 km breit und endet bei der Schächtelburg, in deren Nähe der Eisenhammer an den früheren Abbau von Basalteisenstein erinnert. Auf eine Eisenschmiede deutet auch der Name des Ortes Neuenschmidten hin.

Als Verlängerung dieses Stroms kann man die Basaltmasse ansehen, die sich südlich der Bracht bis in die Gegend von Wächtersbach erstreckt. Davon getrennt befindet sich ein weiterer großer Strom zwischen den Tälern der Bracht und des Seemenbachs, seine Ausläufer gehen bis nach Breitenborn, wo der Basalt am Vogelskopf in einem großen Steinbruch abgebaut wird.

Tuffe kommen in all diesen Strömen nur vereinzelt vor, so daß keine Eruptionsschlote ermittelt werden konnten.

Die maximale Mächtigkeit sämtlicher Basaltschichten beträgt hier am südlichen Ausläufer des Vogelsbergmassivs 97 m. In der Regel sind die Basaltdecken 40-50 m dick.

Am östlichen Ortsrand von Büdingen befindet sich der isolierte Basaltstiel des Wilden Steins. Er ist ein eindrucksvoller Basaltfelsen, der als Pfropf im Buntsandstein zustandegekommen ist und später durch Erosion herausmodelliert wurde. Er ist wahrscheinlich am Nordende einer früher geschilderten Grabenzone aufgestiegen.

Das Ronneburger Hügelland südwestlich von Büdingen weist zahlreiche Basaltvorkommen auf, die früher wahrscheinlich einmal eine geschlossene Basaltdecke gebildet haben. Die Ronneburg und der östlich davon gelegene Steinkopf sind heute isoliert dastehende Basaltkuppen.

1899 stellte von Reinach fest, daß der Basalt östlich von Rüdigheim einem Krater ähnelt, es sind hier jedoch weder Tuffe noch Durchbruchsstollen gefunden worden.

Auch in Wilhelmsbad bei Hanau befindet sich ein isoliertes Basaltvorkommen.

Ein weit größeres Basaltvorkommen, das in zahlreiche Decken aufgeteilt ist, zieht sich südlich des Mains von Steinheim bis Klein-Auheim hin. Es ist unwahrscheinlich, daß die Decken des Vogelsbergs sich bis hierhin erstreckt haben, die dann noch 20 m mächtig gewesen sein müßten. Wahrscheinlich ist der Basalt hier an Bruchspalten emporgedrungen und hat Decken gebildet, die in senkrecht stehenden, ziemlich regelmäßigen und sehr dicken Säulen erstarrt sind. Steinheim hat seinen Namen nach den Steinbrüchen bekommen, die schon in der Römerzeit hier angelegt worden sind. In ihnen wird heute noch Basalt abgebaut.

Bemerkenswerterweise hat man bei Bohrungen in der Nähe von Wolfgang bei Hanau in einer Tiefe von 30,6 bis 43,3 m Basalt-Einlagerungen im Rotliegenden festgestellt. Er kann dorthin nur aus unterirdischen Ausbruchsstollen gelangt sein, die wohl aus Spalten in rheinischer Richtung bestanden.

Der Basalt des Ronneburger Hügellandes und des Maingebietes unterscheidet sich in seiner chemischen Zusammensetzung von dem des Vogelsberges, so daß man ihn auch als Trapp bezeichnet. Er ist jünger als der Vogelsberg-Basalt und unabhängig von dessen Ergüssen entstanden.

Die Vorkommen bei Langenselbold sind isolierte Basaltstiele. Das gilt auch für den 30 m mächtigen ostnordöstlich streichenden Basaltgang im Buntsandstein südlich von Kassel bei der Guntersmühle.

Auch der Beilstein, der Hohe Berg und der Madstein westlich bzw. nordwestlich von Lettgenbrunn sind drei einsame Zeugen von Basaltausbrüchen durch die Buntsandstein-Tafel des Spessarts. Der Beilstein ist neben der Teufelshöhle bei Steinau das einzige Naturdenkmal unseres Kreises, das auch wegen seiner geologischen Beschaffenheit unter Schutz gestellt ist. Man konnte dort interessante Kontakterscheinungen zwischen Basalt und Buntsandstein beobachten und hat auch Einschlüsse davon und von Muschelkalk festgestellt. Die Einschlüsse von Muschelkalk beweisen, daß der Muschelkalk früher den Buntsandstein des Spessarts überlagert hat. Beim Aufstieg des Magmas sind in den trichterförmigen Schlot Teile des Muschelkalks hineingefallen. Heute ist das nächste Muschelkalk-Vorkommen 8 km vom Beilstein entfernt. Der Beilstein zeigt eindrucksvolle Basaltsäulen und überragt seine Umgebung um 30 m.

Der Beilstein und der Hohe Berg sind die Reste von vulkanischen Quellkuppen, während der Madstein ein Gang, also die Ausfüllung einer Erdspalte ist, die von NNW nach SSO aufgebrochen war.

Das Ende des Tertiärs

Im Zusammenhang mit der vulkanischen Entstehung des Vogelsberges waren im plastischen Untergrund der Erdkruste Bewegungen in Gang gekommen, die das Wiederaufsteigen der mitteldeutschen Schwelle bewirkten.

Bei dem komplizierten Ablauf solcher Bewegungen ist dabei nicht an eine stetige Heraushebung zu denken. Zeiten der Hebung werden vielmehr auch solche des Stillstands gefolgt sein. Jedenfalls sind am Ende der Tertiärzeit – vor etwa 2 Millionen Jahren – die Hebungstendenzen am stärksten gewesen, um dann wieder abzuklingen.

In unserem Gebiet wurde einmal die Rhön davon betroffen und zum anderen der gesamte Spessart. Es entstand der Spessart-Rhön-Schild, in dem die Rhön nur durch eine flache Eintiefung vom Spessart getrennt ist.

Als eine Art Achse diente abermals – wie schon in früheren Erdzeiten – eine dem heutigen Kinzigtal entsprechenden Linie, die den Vogelsberg vom Spessart trennt.

Vielleicht entsprach der Heraushebung des Spessarts auf der einen Seite ein noch tieferes Absinken der Kinzigmulde auf der anderen Seite.

Von dieser Absenkung wurde südlich der Kinzig auch die schon im Rotliegenden angelegte Freigerichter Senke betroffen, außerdem der Mäusegraben bei Gelnhausen.

Die Kinzig entstand in dem Zeitabschnitt des Tertiärs, der als unteres Pliozän bezeichnet wird. Dieser Zeitabschnitt liegt ungefähr 5,3 bis 3,4 Millionen Jahre zurück.

Die Kinzig bildete den Vorfluter der den Vogelsberg nach Süden hin entwässernden Bäche, die in der gleichen Zeit entstanden. Die Kinzig und ihre Zuflüsse flossen nur mäßig eingetieft in breiten Talmulden in einer flachwelligen Hügellandschaft dahin. Allmählich begann die Zerlappung der Basaltdecken des Vogelsbergs.

Erst in der Zeit des oberen Pliozäns, das vor 3,4 Millionen Jahren begann und als letzter Abschnitt des Tertiärs vor 1,5 Millionen Jahren endete, verstärkten sich mit dem kühler werdenden Klima die Niederschläge, so daß die Kinzig und ihre Nebenbäche immer wasserreicher wurden und sich infolgedessen auch tiefer einschneiden konnten.

Dabei ließ die Kinzig die bis zum Ende des unteren Pliozäns vorhandene Uferebene als Terrasse zurück. Bei Vollmerz liegt diese Terrasse 78 m über der heutigen Talaue und bei Steinau bis zu 72 m darüber. Bei Wirtheim befindet sich diese tertiäre Terrasse sogar 98 m über der gegenwärtigen Kinzigaue und bei Hailer 87 m darüber. Am Rande der Hanauer Ebene umsäumen die terassenartigen Ebenen des unteren Pliozäns die der Kinzig zufließenden Bäche in Höhen von 40-55 m über den heutigen Talauen.

Am Südwesthang des Giebels bei Schlüchtern befindet sich in 70-75 m Höhe über der heutigen Talaue der Kinzig ein kleines altes Tal in variskischer Richtung, das früher wahrscheinlich einmal eine Quellmulde gewesen ist und heute vollständig trocken liegt, weil die Durchlässigkeit des hier etwa 40 m mächtigen Muschelkalks die weitere Talentwicklung gehemmt hat. Es liegt in etwa 300 m Höhe 70 m hoch über der dort in 220 m Höhe fließenden Kinzig. Dieses Tälchen ist ein erstes Beispiel dafür, daß im ausgehenden Tertiär das damalige Gewässernetz vom heutigen abwich.

Das gilt z.B. auch für den Krebsbach und den Fallbach, die in Hanau in die Kinzig münden und ihre heutigen Quellen südlich von Büdingen im Ronneburger Hügelland haben.

Skizze 28 gibt einen Überblick über ihren heutigen Lauf.

Eigenartigerweise enthalten die vom Krebsbach und Fallbach geführten Gerölle und die an den Ufern angelagerten Schotter auch Buntsandstein, obwohl beide Bäche heute kein Bunsandstein-Gebiet durchfließen. Nagel folgerte 1965 daraus, daß das Einzugsgebiet der beiden Bäche früher einmal wesentlich größer gewesen ist. Es muß sich bis in den Buntsandstein-Saum erstreckt haben, der den Westhang des Vogelsbergs begleitet und nordöstlich von Büdingen zutagetritt.

In Skizze 28 ist der Buntsandstein-Saum des Vogelsbergs durch die schraffierten Flächen dargestellt worden.

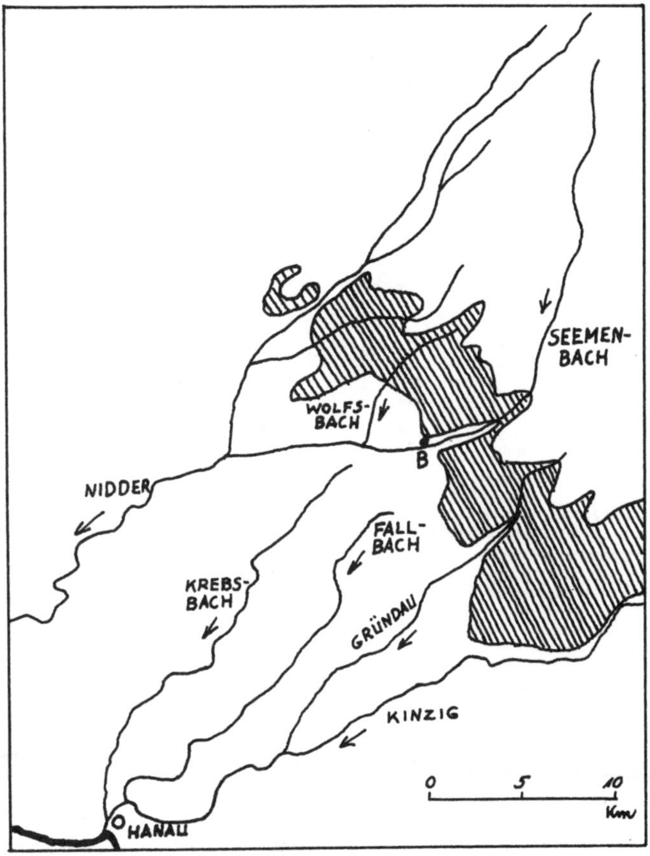

Skizze 28 Das Netz der Gewässer bei Büdingen (B)

Es muß also angenommen werden, daß der Seemenbach zwischen Büdingen und der Mündung in die Nidder früher noch nicht bestand.

Der Krebsbach hatte damals als Oberlauf vermutlich das dem heutigen Wolfsbach entsprechende Gewässer. Der Fallbach, dessen jetziger Oberlauf auch Diebach genannt wird, hatte als Oberlauf früher wahrscheinlich den Seemenbach. So war damals den Buntsandstein-Geröllen des Vogelsberg-Raumes der Weg in das Ronneburger Hügelland gebahnt worden.

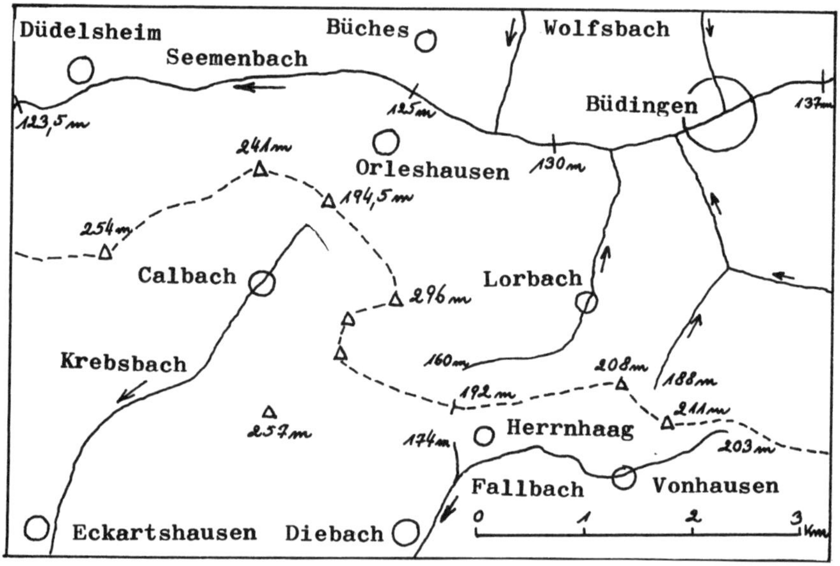

Skizze 29 Die Wasserscheide südlich des Seemenbachs

Die Skizze 29 zeigt das heutige Büdinger Gebiet noch einmal in größerem Maßstab. Sie läßt die Höhenverhältnisse erkennen und – in der gestrichelten Linie – auch die Wasserscheide. Ihr folgte früher ein alter Höhenweg, die Reffenstraße.

Die Wasserscheide liegt zwischen dem Krebsbach und dem Seemenbach bei 194,5 m und damit rund 70 m höher als das Niveau des Seemenbachs. Sie ist nur 250 m von dem nördlichsten Punkt des hier als kleines Rinnsal fließenden Krebsbachs entfernt. Dieser Punkt liegt nordöstlich von Calbach, und der Krebsbach fließt hier etwa 12 m tiefer.

Ähnlich sind die Verhältnisse beim Fallbach. Zwischen dem obersten Lauf des Fallbachs und dem Seemenbach liegt die Wasserscheide in Höhen von 190 m bis 211 m und damit auch nur 60 bis 75 m höher als das Niveau des Seemenbachs. Sie ist vom obersten Lauf des Fallbachs auch nur wenig entfernt. Vom tiefsten Punkt der Wasserscheide, der etwa 250 m westlich von Herrnhaag in 190 m Höhe liegt, ist der Fallbach nur 400 m entfernt, er fließt dort etwa 20 m tiefer. Seine Quelle, die heute zur Trinkwassergewinnung gefaßt und kanalisiert ist, liegt unmittelbar östlich der Straße Vonhausen-Büdingen in etwa 200 m Entfernung von der Wasserscheide und nur etwa 6 m tiefer.

Diese Niveau-Unterschiede sind alle nicht so groß, daß sie gegen die Vermutung der früheren Gewässersysteme Wolfsbach-Krebsbach und Seemenbach-Fallbach sprechen könnten. Die Niveau-Unterschiede bleiben im Rahmen der Höhenlagen der alten Tertiär-Terrassen.

Zudem sprechen die südwestlich von Orleshausen und bei Herrnhaag auf den Höhen liegenden alten Schotter für eine frühere Verbindung des Seemenbachs mit den heutigen Kinzigzuflüssen.

Nagel schreibt, daß die Talrümpfe der beiden Bäche auf der Wasserscheide unvermittelt aussetzen, weil sie durch den Seemenbach in wilderndem Eingriff gekappt worden sind.

Es bleibt die Frage, wodurch dieses alte Flußsystem verändert worden ist.

Zwei Ursachen kommen in Frage.

Es ist einmal das Herausheben des Höhenzugs der Hohen Straße, deren Ausläufer die Berge südlich von Büdingen sind. Die Hohe Straße ist sicher im Tertiär gehoben worden und erst im Eiszeitalter mehr oder weniger zur Ruhe gekommen. Man kann diesen Höhenzug als eine Fortsetzung des Odenwalds und des Sprendlinger Horsts ansehen, der über den Frankfurter Horst in die Hohe Straße übergeht. Die Hohe Straße erhebt sich heute bis zu knapp 100 m über das Hanauer Becken, das selbst eine Absenkung erfahren hat.

Die zweite Ursache könnte eine Absenkung des Gebiets nördlich der oben beschriebenen Wasserscheide sein. Die Last der Basaltmassen des Vogelsbergs bewirkte hier wahrscheinlich ein allmähliches Absinken der den Untergrund bildenden Teile der Erdkruste. Das wäre eine Parallele zum noch gegenwärtig andauernden Absinken der Schlüchterner Kinzigmulde. Hickethier vermutet sogar, daß die Absenkung des Gebietes um Büdingen mit der Entstehung der Kinzigmulde um Schlüchtern zusammenhängt.

Die Kinzigmulde ist auf Seite 56 beschrieben worden. Es erscheint angebracht, hier noch einmal etwas ausführlicher auf sie einzugehen. Ihre Entstehung hängt wahrscheinlich mit dem Aufbruch der rheinischen nord-südlichen Gräben zusammen, zu denen sie senkrecht in ungefähr west-östlicher Richtung eingesunken ist. Sie ist in Skizze 30 dargestellt.

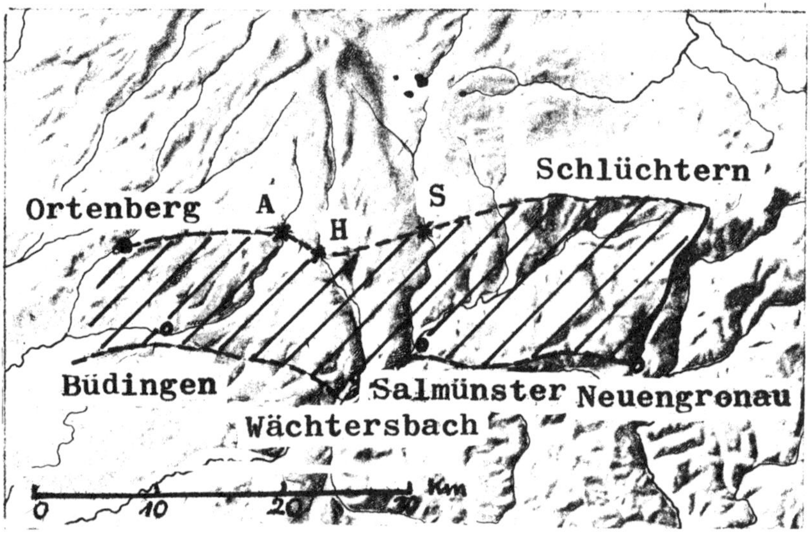

Skizze 30 Die Kinzigmulde und ihre Verlängerung nach Westen

Die Kinzigmulde wird im Osten vom Oberzeller Graben begrenzt. Von seinem südwestlichen Ende in Neuengronau verläuft ihre Südgrenze dann in ungefähr westlicher Richtung nach Salmünster und das Kinzigtal entlang bis zur Mündung der Orb südlich von Wächtersbach. Nunmehr überschreitet die Grenze die Kinzig in nordwestlicher Richtung, um über Breitenborn die Wasserscheide zwischen Kinzig und Seemenbach auf der Hohen Straße zu erreichen, womit sie den

Anschluß an die im Westen gelegene Ebene der Wetterau gewinnt. Die Vergleiche von Nivellementsmessungen sprechen für ein Absinken der Talaue des Seemenbachs im Büdinger Raum.

Was nun die nördliche Begrenzung der Kinzigmulde betrifft, so kann man Anhaltspunkte dafür aus den Gefälle-Verhältnissen der Gewässer erhalten.

Für eine Absenkung des Gebiets nördlich von Büdingen spricht nämlich die Tatsache, daß der Seemenbach im Mittellauf zwei Abschnitte hat, in denen sich das Gefälle gegenüber dem vorhergehenden Abschnitt vergrößert. Normal wäre das Gegenteil, nämlich eine Verringerung des Gefälles. Da der Seemenbach hier über kein anderes Gestein fließt als vorher auch, kann das stärkere Gefälle mit einem staffelförmigen Absinken der Erdscholle erklärt werden.

In Skizze 31 sind die verschiedenen Gefälle-Abschnitte des Seemenbachs 50-fach überhöht dargestellt.

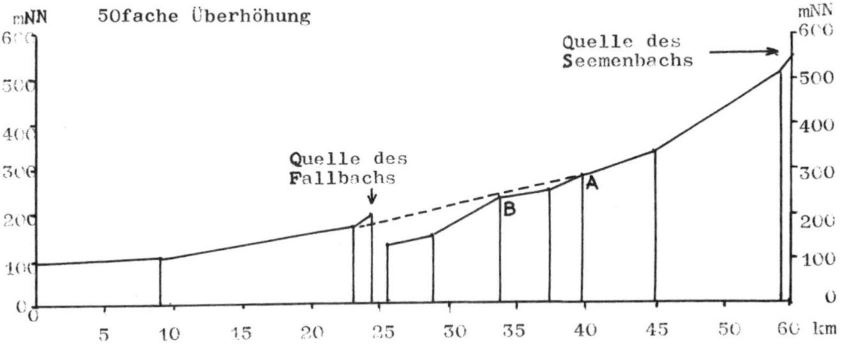

Skizze 31 Das Gefälle des Seemenbachs und des Fallbachs

Das letzte Gefälle des Seemenbachs vor dem Punkt A beträgt 9,3 Promille. Es steigt unterhalb des Punktes A zunächst auf 13 Promille an, also auf das 1,3 fache, und nimmt danach wieder auf 5,7 Promille ab. Vom Punkt B an nimmt es auf 18,2 Promille zu, also auf das 3,2-fache, und erst in der Nähe von Büdingen nimmt es wieder stark ab, auf 2,35 Promille.

Der Punkt A liegt in 290 m Höhe etwa 1,5 km nördlich von Kefenrod. Der Punkt B liegt in 240 m Höhe am südlichen Ortsrand von Wolferborn. Punkt A ist in Skizze 30 markiert.

Man kann annehmen, daß vor der Absenkung des Büdinger Raums der Seemenbach von diesem Punkt A aus in einem höheren Niveau weiterfloß und sein Lauf unmittelbar in den heutigen Oberlauf des Fallbachs überging. Das ist in Skizze 31 durch die gestrichelte Linie angedeutet.

Die Abbildung lehrt, daß die Abnahme des Gefälles in dem alten Flußsystem Seemenbach-Fallbach durchaus normal gewesen sein kann, während der gegenwärtige Knick im Gefälle des Seemenbachs ungewöhnlich ist.

Im Oberlauf des Wolfsbachs gibt es zwar auch einen Abschnitt mit einer auffällig starken Zunahme des Gefälles, doch entspricht dieser Abschnitt hier dem Gesteinswechsel vom harten mittleren Buntsandstein zum weicheren unteren Buntsandstein. Da dort eine Landstufe zu erwarten ist, darf man hier den Schluß auf eine Absenkung nicht ohne weiteres ziehen.

Jedenfalls wurden am Ende des Unterpliozäns, also vor rund 3,4 Millionen Jahren, Seemenbach und Wolfsbach von ihren alten Fortsetzungen des Fallbachs und Krebsbachs abgeschnürt. Fallbach und Krebsbach wurden dadurch selbständige Flußläufe.

Der Seemenbach aber bahnte sich – dabei den Wolfsbach aufnehmend – von Büdingen aus einen neuen Lauf nach Westen zur Nidder.

Zudem deutet auch das Gefälle der Bracht sehr stark auf eine Absenkung des Gebietes östlich von Büdingen hin. Skizze 32 auf Seite 73 zeigt, daß es von der Quelle in 560 m Höhe westlich von Hartmannshain bis zur Höhe 310 m bei der Loosmühle zwischen Hitzkirchen und Helfersdorf (Punkt H) normal verläuft, danach dagegen plötzlich sehr stark ansteigt, und zwar auf das 9,6-fache! Das ist ganz ungewöhnlich und kann durch eine Absenkung des Geländes südlich des Punktes H erklärt werden. Der Punkt H liegt nur 3,5 km südöstlich vom Punkt A des Seemenbachs. Auch er ist in Skizze 30 auf Seite 70 als ein weiterer Punkt der nördlichen Begrenzung der Kinzigmulde eingezeichnet.

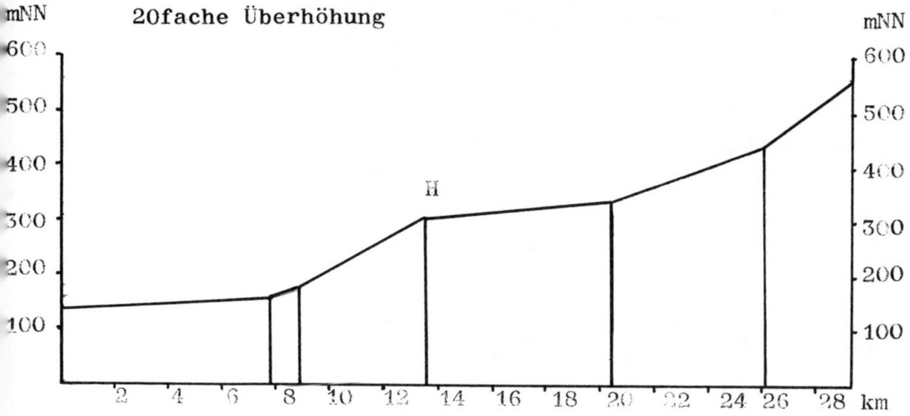

Skizze 32 Das Gefälle der Bracht

Ferner deuten die Gefälle-Verhältnisse bei der Salz auf einen weiteren Punkt der Nordgrenze hin. In dem Abschnitt der Salz zwischen Rabenstein und der Baiersmühle wechselt das Gefälle der Salz mehrmals ziemlich stark, wobei es sich einmal gegenüber dem vorhergehenden Abschnitt verdoppelt. Dieser Abschnitt ist in Skizze 30 mit S gekennzeichnet.

4 Kilometer östlich davon sind entsprechende Änderungen im Gefälle des Steinebachs vorhanden.

Von dort aus verläuft die Nordgrenze der Kinzigmulde dann über den Landrücken bis zum Oberzeller Graben.

Weitere Hinweise für eine Fortsetzung der Kinzigmulde unter dem Vogelsberg ergeben sich aus zwei unter dem Vogelsberg vorhandenen Vorkommen oberen Muschelkalks. Er war in der Tertiärzeit anscheinend in eine Senke oder einen Graben abgesunken.

Das eine Vorkommen befindet sich im Tal der Salz bei Sarrod in der Nähe des Punktes S in Skizze 30, also unmittelbar im Gebiet der vermutlichen Fortsetzung der Kinzigmulde nach Westen. Hier liegt der Muschelkalk 33 bis 45 m unter der heutigen Erdoberfläche in einer Höhe von etwa 230 m NN.

Diesem Vorkommen schließt sich ein zweites, etwa 8 bis 9 km weiter westlich liegendes an, das sich von Norden nach Süden in einer Breite von 8 bis 9 km etwa von Illnhausen über Bösgesäß bis nach Hettersroth erstreckt und damit auch in dem für die Fortsetzung der Kinzigmulde in Frage kommenden Gebiet liegt. Die Ortschaft Bösgesäß liegt nur 3 km östlich des Punktes A in Skizze 30. Hier liegt der Muschelkalk etwa 150 bis 50 m unter der heutigen Erdoberfläche. Er ist dort 200 m mächtig und seine oberste Schicht liegt in etwa 190 bis 240 mNN.

Hickethier und Holtz vermuten, daß beide Vorkommen miteinander verbunden sind und von WNW nach OSO streichen, was die vermutete Lage der Kinzigmulde gut bestätigen würde.

Es ist also gar nicht unwahrscheinlich, daß die Kinzigmulde sich nach Westen unter dem Vogelsberg hindurch bis in die Büdinger Gegend erstreckt. Als Ursache für die Ablenkung des Seemenbachs dürfte sie damit feststehen.

Es ist dies übrigens nicht das einzige Beispiel für die Ablenkung eines Gewässers im Vogelsberg. (Z.B. wurde die ursprünglich in die Wetter bei Muschenheim mündende Horloff später auch von ihrem Lauf abgelenkt und in den Horloff-Graben hereingezogen, so daß ihr früher nach Westen gerichteter Lauf nach Süden umgebogen wurde.)

Im Oberpliozän, vor 3,4 bis 1,5 Millionen Jahren, tieften sich dann alle Flüsse kräftig ein. Bei der Kinzig erreichte die Tiefenrosion z.T. die heutige Sohle, mindestens ging sie aber bis zu einem 20 m über der heutigen Sohle liegenden Niveau. Entsprechendes gilt für all ihre Zuflüsse. Damit hatte am Ende der Tertiärzeit das Netz der Gewässer im wesentlichen schon seine heutige Form angenommen.

Als ein weiteres Zeugnis der ausgehenden Tertiärzeit ist noch die Teufelshöhle bei Steinau anzusehen.

Die Teufelshöhle bei Steinau

Neben dem Seite 64 erwähnten Basaltstock des Beilsteins in der Nähe von Bad Orb gibt es in unserem Gebiet noch ein zweites geologisches Naturdenkmal, es ist die Teufelshöhle, die 2,5 km nördlich von Steinau im Westhang des Steinebachs in 281 m Höhe im unteren Muschelkalk liegt.

Bis zum Ende des 19. Jahrhunderts kannte man dort nur einen Einsturztrichter über der Haupthöhle, der Teufelsloch genannt wurde. Erst 1898 stieg man in die Höhle ein, und am Anfang des 20. Jahrhunderts wurde sie durch einen 53 m langen Stollen erschlossen.

Der größte Höhlenraum ist kreisrund mit einem Durchmesser von etwa 11 m. Er hatte früher einmal eine Höhe von 25 m. Nachdem später abgebröckelte Gesteinsmassen eingebrochen waren, liegt die Höhlensohle heute 9 m höher als früher, so daß die Höhle nur noch 16 m hoch ist.

In den neben dem Hauptraum liegenden Gängen, Nischen und Spalten sind hier und da kleine Tropfsteine zu sehen.

Die Höhle entstand durch Auflösen des Kalks im durchfließenden Wasser. Der runde Raum ist wahrscheinlich durch eine wirbelartige Bewegung der Wassermassen entstanden, die auf entgegengesetzten Seiten in den Höhlenraum mündeten. Die Tropfsteine bestehen aus reinem Kalkspat, der nach dem Verdunsten des herabfließenden oder herabtropfenden und kalkhaltigen Wassers auskristallisiert.

Die Höhle befindet sich in dem hier 110 m mächtigen Muschelkalk. Auf ihm liegt eine 17,5 m dicke Schicht von Sanden und Tongesteinen aus der erdgeschichtlichen Zeit des Tertiärs. Sie wird überlagert vom bis zu 65 m mächtigen Eruptivgestein Basalt.

Skizze 33 auf Seite 76 zeigt die Lagerung der Gesteine bei der Teufelshöhle.

Beim Basalt erkennt man drei Teile. Der östliche Teil gehört zu einer selbständigen Decke, die das Gebiet des Schlüchterner Stadtwaldes bildet und südlich am Ohl endet. Mindestens 900 m westlich davon sieht man in der Mitte und links zwei weitere Basaltdecken, die wahrscheinlich die

Zungen eines sehr breiten Stromes sind, der einstmals als Lava von Norden her bis hier herabgeflossen und dann erstarrt ist. Die Mulden zwischen den Strömen und Zungen dienten den später entstehenden Bächen als Fließweg.

Als Wasserspender für die Höhle kommt in erster Linie der Ulmbach in Frage. Sein der Höhle nächstgelegener Punkt ist 1,5 km von ihr entfernt. Die Abbildung lehrt, daß die Wasser des Ulmbachs nur unterirdisch durch den Muschelkalk zum Höhlenbereich gelangen konnten.

An dem der Höhle nächstgelegenen Punkt fließt der Ulmbach in 323 m Höhe, während die Sohle der Höhle in 281 m Höhe liegt.

Der Höhenunterschied vom Ulmbach zur Decke der Teufelshöhle beträgt 17 m und zur Sohle 42 m. Das entspricht Fallwinkeln von etwa 1° bis 2° und Gefälle-Werten von rund 11 bis 28 Promille.

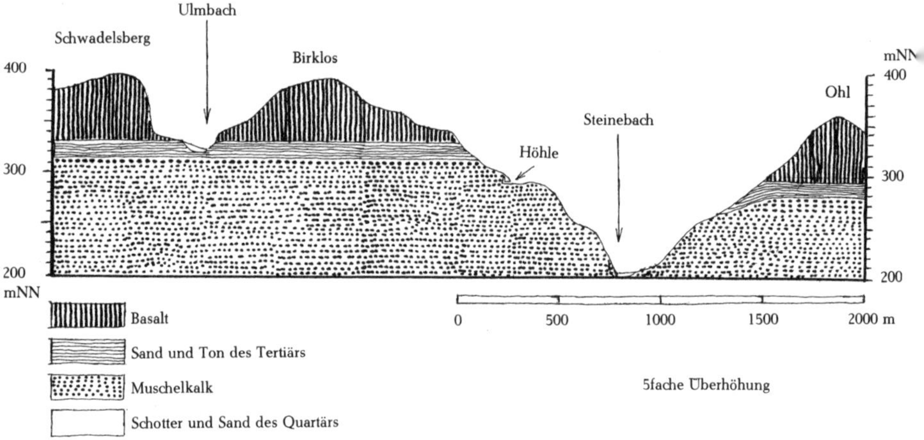

Skizze 33 Querschnitt durch die Gesteine bei der Teufelshöhle

Zum Vergleich: Das gegenwärtige Gefälle des Ulmbachs auf dem der Höhle nächstgelegenen Kilometer beträgt 29 Promille, hat also den gleichen Wert. Das Gefälle von der Höhle bis zum in der Luftlinie 500 m entfernten Steinebach ist freilich sehr viel größer, es beträgt 113 Promille oder 11,3 Prozent.

Die höher gelegenen Abschnitte des Ulmbachs kommen als Wasserspender wahrscheinlich nicht in Frage, weil der Ulmbach in Höhen von über 333 m noch über der kaum wasserdurchlässigen Basaltdecke fließt und erst bei 333 m Höhe die tertiäre Schicht anschneidet, die wegen ihres Gehaltes an Sanden wasserdurchlässig ist.

Der Bau des Schlüchterner Tunnels hat gelehrt, daß durch diese Tertiärschichten beträchtliche Wassermengen hindurchsickern können. Sie hatten den Erbauern des Tunnels erhebliche Schwierigkeiten bereitet.

Außer dem Ulmbach kommt als Wasserspender vielleicht auch noch ein unter dem Basalt befindlicher Grundwasserstock in Frage, der durch das Tertiär an tonfreien Stellen hindurchsickern und so auch in den Muschelkalk gelangen konnte.

Um zu prüfen, ob die Ulmbachwässer die Höhle verursacht haben, hat man schon mehrmals Farbstoffe im Ulmbach aufgelöst und abgewartet, ob sie in der Höhle oder unterhalb von ihr wieder zutagetreten. Die gefärbten Wässer traten früher unterhalb der Höhle, am Fuß eines meist trocken liegenden Tales, im sogenannten Entenloch zutage, und zwar in der ansehnlichen Menge von bis zu 40 Litern in der Sekunde. Daß die gefärbten Wässer nicht mehr in der Höhle selbst erschienen sind, ist darauf zurückzuführen, daß die zahlreichen Spalten und Risse neben und unterhalb der Höhle die Wässer heute tiefer versickern lassen. So ist auch ein früher in der Höhle befindlicher kleiner Weiher längst abgeflossen. Die Versuche mit gefärbtem Wasser haben mit an Sicherheit grenzender Wahrscheinlichkeit den Ulmbach als Wasserspender festgestellt.

Die Ulmbachwässer brauchten von dem der Höhle nächstgelegenen Punkt bis zum Auftauchen im Entenloch rund 48 Stunden, was einer Fließgeschwindigkeit von rund 1000 Meter je Tag entspricht. Das ist eine für Karstgebiete nicht ungewöhnliche Geschwindigkeit.

Da die Ulmbachwässer nach dem Durchfließen der Höhlenzone letztlich in den Steinebach geflossen sind, der heute in 500 m Entfernung von der Höhle in 205 m Höhe fließt, ist das Gefälle vom Ulmbach zum Steinebach auch für die Entstehung der Höhle maßgebend gewesen.

Über die Zeit, in der die Höhle entstand, sind schon Vermutungen angestellt worden.

v.Seyfried als Bearbeiter des geologischen Blattes Steinau bezeichnete sie 1906 als „wohl noch nicht sehr alt". Wahrscheinlich hatte er ein eiszeitliches Alter vermutet, also einige hunderttausend Jahre.

Dagegen datierte Völker 1928 in seinem Beitrag zur Morphologie der Kinziglandschaft ihre Entstehung in die dem Eiszeitalter vorangehende Zeit des Tertiärs, das vor etwa 65 Millionen Jahren begonnen hat. Er hat diese Angabe jedoch nicht begründet, geschweige denn eingegrenzt.

Der bei Besichtigungen durch die Höhle gegenwärtig Führende gibt an, daß Geologen inzwischen ein Alter der Höhle von 2,5 Millionen Jahren berechnet haben.

Wie kann ein solcher Wert ermittelt werden?

Zur Lösung der Frage muß man von der Tatsache ausgehen, daß die Höhlensohle 281 m hoch liegt, während der Steinebach heute an ihrem Fuß 76 m tiefer in 205 m Höhe fließt.

Die Bildung der Höhle muß zu Ende gewesen sein, als der Steinebach noch 76 m höher im Niveau der Höhlensohle von 281 m floß.

Die Ulmbachwässer mündeten ja in den Steinebach und mußten nur bis zu diesem Niveau den Bereich der Höhle durchfließen. Später, nach einer weiteren Eintiefung des Steinebachs, konnten sich die Wasser des Ulmbachs dann auch tieferliegende Abflüsse verschaffen, so wie das heute noch der Fall ist, was die Versuche mit dem gefärbten Wasser bewiesen haben. Das schließt nicht aus, daß geringe Wassermengen noch bis heute die Höhle passieren.

Es muß also nun untersucht werden, zu welcher Zeit der Steinebach noch in 281 m Höhe geflossen ist.

Als das der Fall war, hatte sicherlich auch die Kinzig, in die der Steinebach mündet, noch ein ebenfalls höheres Niveau. Dieses höhere Kinzigniveau entspricht einer Terrasse, deren Reste 60-72 m über der heutigen Talaue der Kinzig liegen.

Nun ist die Kinzig erst nach der Zeit der vulkanischen Ergüsse des Vogelsbergs entstanden. Ihre Entstehung fällt in den letzten Abschnitt der Tertiärs, der als Pliozän bezeichnet wird und wahrscheinlich vor rund 5 Millionen Jahren begann. Die Urkinzig und ihre Zuflüsse tieften sich in der ersten Hälfte des Pliozäns, im Unterpliozän, nur sehr gering ein. Nun ist über sein Ende und das des gesamten Pliozäns noch nichts Sicheres bekannt. Das Ende des Pliozäns fällt mit dem Beginn des Eiszeitalters zusammen, und bei keiner einzigen Festlegung einer solchen geologischen Zeitgrenze tappen die Wissenschaftler noch so im Dunkeln wie bei der über den Beginn des Quartärs und Eiszeitalters. Während weltweit hier und da Eiszeiten wahrscheinlich schon vor 2 Millionen Jahren aufgetreten sind, scheinen sich solche in unserem Raum erst vor rund 400 000 Jahren ausgewirkt zu haben. Dementsprechend müßte man das Ende des Pliozäns hier auf die Zeit von vor 400 000 Jahren ansetzen. Das Pliozän hätte dann 4,6 Millionen Jahre gedauert und seine erste Hälfte somit rund 2,3 Millionen Jahre.

Erst in der zweiten Hälfte des Pliozäns, im Oberpliozän, das dann rund 2,7 bis 0,4 Millionen Jahre zurückliegt, tiefte sich die Kinzig in ein Niveau ein, das bei Steinau wahrscheinlich nur etwa 5 m höher lag als das heutige Niveau der Mündung des Steinebachs in die Kinzig in 170 m Höhe, also bei 175 m Höhe. Dieser Wert ergibt sich aus der tiefsten Lage eiszeitlicher Ablagerungen in der Nähe der Steinebach-Mündung. Erst nach dem Eiszeitalter hat sich die Kinzig dann vom Niveau 175 m auf das heutige Niveau von 170 m eingetieft.

Der Steinebach ist am Ende des Oberpliozäns in der Nähe der Höhle sicher auch noch in einem höheren Niveau geflossen. Da seine gegenwärtigen Wassermengen an der Mündung fast das Anderthalbfache der Kinzigwässer betragen, kann man annehmen, daß er am Fuß der Höhle etwa 7 bis 8 m höher geflossen ist als heute, also in 212-213 m Höhe, so daß er sich nach dem Eiszeitalter auf 205 m eintiefte.

Wo lag nun sein Niveau zu Beginn des Oberpliozäns?

Diese Frage ist sehr viel schwieriger als die vorige zu beantworten. Es ist mit ziemlicher Sicherheit anzunehmen, daß der Steinebach und auch der Ulmbach, die ja beide erst im Unterpliozän entstanden sind, sich im Unterpliozän erst in die Schicht der tertiären Tone und Sande eingetieft haben. Der Ulmbach fließt heute noch darin, er hat von dieser 17,5 m mächtigen Schicht erst etwa 10 m abgetragen. Dem

Steinebach mit seiner 3-fach stärkeren Wassermenge dürfte es dagegen gelungen sein, diese Schicht bis zum Ende des Unterpliozäns vollständig abzuräumen und damit an den oberen Rand des Muschelkalks zu gelangen.

Der obere Rand des Muschelkalks liegt in der Nähe der Höhle am westlichen Ufer 313,5 m hoch, dagegen am östlichen Ufer nur 263,5 m hoch. Da die östlichen Tertiärschichten hier wahrscheinlich – wie Abbildung 33 es andeutet – teilweise über den Muschelkalk herabgerutscht sind, dürfte die eigentliche Höhe des Muschelkalks am Ostufer mit 279 m anzusetzen sein.

Wie erklärt sich nun der Niveau-Unterschied vom West- zum Ostufer? Er beträgt immerhin 34,5 m. Wahrscheinlich durch eine sich hier durch das Steinebachtal erstreckende Verwerfung, bei der die Schichten des östlichen Ufers gegenüber denen des westlichen Ufers in einem Millionen Jahre währenden Vorgang um über 30 m abgesunken sind, was mit der Entstehung des Schlüchterner Beckens zusammenhängt.

Der Ausfall der tiefergerutschten Schichten des Ostufers wurde durch das Stehenbleiben der hochliegenden Schichten des Westufers teilweise wettgemacht, weil der Steinebach die höherliegenden Muschelkalkschichten ja doch noch abräumen mußte. Man muß deshalb von eine durchschnittlichen Höhe der Muschelkalk-Obergrenze senkrecht über dem heutigen Bachbett von 295 m ausgehen.

Da die Höhlendecke bei 306 m Höhe liegt, dürfte die Entstehung der Höhle mit dem Beginn des Oberpliozäns vor 2,7 Millionen Jahren sofort begonnen haben. Wahrscheinlich hatte der Ulmbach damals gerade die wasserdurchlässige Tertiärschicht erreicht, so daß seine Wässer von dort aus in den darunterliegenden Muschelkalk einsickern konnten. Das damalige Gefälle vom Ulmbach (333 m) zur Höhle (306 m) war mit bis zu 18 Promille groß genug, ebenso das von der Höhle (306 m) zum Steinebach (295 m) mit bis 22 Promille.

Da der Steinebach sich im Oberpliozän ausschließlich in den Muschelkalk eintiefen mußte, kann man nun die Zeit abschätzen, die er gebraucht hat, um sich bis auf das Niveau der Höhlensohle von 281 m einzutiefen. Sofern die Wasserführung des Steinebachs nicht stark geschwankt hat, muß die

Größe der Eintiefung durchweg der Länge der Zeitdauer entsprochen haben. Für das Oberpliozän liegen aber keine Anhaltspunkte für große Klimaschwankungen vor.

Zu Beginn des Oberpliozäns fing in der Nähe der Höhle die Eintiefung des Steinebachs in den Muschelkalk bei 295 m Höhe an. Nachdem er sich 14 m eingetieft hatte, war das Niveau der Höhlensohle von 281 m erreicht. Danach tiefte sich der Steinebach bis zum Ende des Oberpliozäns weiter 68-69 m ein, womit er schließlich in 212-213 m Höhe floß.

Nimmt man, wie oben ausgeführt, an, daß die Eintiefungen den Zeitabläufen entsprochen haben, dann müssen die 2,3 Millionen Jahre des Oberpliozäns den Eintiefungen entsprechend aufgeteilt werden. Das Eintiefen um 14 m müßte dann rund 390 000 Jahre gedauert haben und das Eintiefen um weitere 68-69 m noch einmal 1,9 Millionen Jahre. Demnach läge der Anfang der Entstehung der Höhle rund 2,7 Millionen Jahre zurück, und ihre Ausbildung hätte etwa 390 000 Jahre gedauert, so daß die Höhle vor 2,3 Millionen Jahren zustandegekommen wäre.

Was die in der Höhle vorhandenen Tropfsteine betrifft, so sind diese erst während der letzten Eiszeit, der Weichsel- oder Würm-Eiszeit entstanden, und zwar in einer ihrer Zwischen-Warmzeiten vor einigen tausend Jahren. Die Voraussetzung für die Bildung von Tropfsteinen ist nämlich ein sehr hoher Gehalt von Kohlensäure im Sickerwasser, und ein solcher kommt nur zustande, wenn das Wasser den Humusboden einer Pflanzendecke durchfließt, in dem die von den Pflanzenwurzeln gebildeten Säuren aus dem kalkhaltigen Boden reichlich Kohlendioxid freigemacht haben, das sich dann im Wasser bis zum Hundertfachen des normalen Gehalts anreichert, womit es sehr viel Kalk auflösen kann. Es ist dann gewissermaßen übersättigt, so daß beim Verdunsten große Kalkmengen als Tropfsteine ausgeschieden werden. Die in anderen Höhlen vorgenommenen Altersbestimmungen haben für das Alter der Tropfsteine Werte von einigen tausend bis zu etwa 40 000 Jahren ergeben. Die relativ geringe Größe der Tropfsteine in der Teufelshöhle spricht für ein ziemlich junges Alter.

Man hat kürzlich festgestellt, daß in der näheren Umgebung der Höhle noch weitere Hohlräume vorhanden sind. Sie sollen durch Bohrungen aufgeschlossen und dann auch zugänglich gemacht werden. Wahrscheinlich wird sich dann zeigen, daß die jetzige Höhle nur ein kleiner Teil eines größeren Höhlensystems ist.

Die teilweise Versickerung des Ulmbachs oberhalb der Teufelshöhle ist in unserem Gebiet keine Ausnahme. Bei der Kinzig und bei der Bracht sind ebenfalls Versickerungen festgestellt worden. Im Unterlauf der Bracht versickert das Wasser teilweise im Talkies und kommt erst in der Kinzig bei Wächtersbach wieder zum Vorschein. Die Kinzig gibt oberhalb von Wirtheim auch erhebliche Wassermengen an den Untergrund ab.

Der Bergbau von Bieber

In einem früheren Abschnitt ist dargestellt worden, daß bei der Auffaltung des variskischen Gebirges in zahlreichen Spalten aus dem magmatischen Untergrund der Erdkruste mit dem Magma heiße Wässer aufgestiegen sind, die Metallsalze gelöst enthielten. Beim Entmischen und Abkühlen der Schmelzen kam es zur Abscheidung von Metallen, ebenso bei der Verdunstung der mit dem Magma aufgestiegenen Wässer. Die Metallsalze setzten sich dann in den Verwerfungsspalten ab, zum Teil in kristallisierter Form.

Zu Beginn der Zechstein-Zeit entstand ferner der Kupferletten, der auch zahlreiche Metallsalze enthält.

Die Aufwölbung des Spessartschildes ist in der Gegend von Bieber dann so stark gewesen, daß sogar die Urgesteine des Grundgebirges (Gneis) und der Kupferletten der Zechstein-Zeit an die Erdoberfläche gelangten.

In der Zeit der tertiären Basaltausbrüche stiegen beim erneuten Aufstieg des Spessarts in die dabei aufreißenden Spalten abermals heiße Wässer aus dem Magma des Untergrundes der Erdkruste auf. Diese Spalten streichen alle in der harzischen Richtung von NW nach SO, also senkrecht zur Aufwölbungsachse des Spessarts. Sie sind bis zu 25 m breit.

Damit sind also drei Ursachen für die Entstehung von Metallerzgängen bei Bieber festzustellen:

1) die alten Spalten des variskischen Gebirges,
2) der Kupferletten der Zechstein-Zeit und
3) die neuen Spalten der Tertiärzeit.

Die vererzten Verwerfungssplatten erreichen bei Bieber z.T. beträchtliche Sprunghöhen, bis zu 130 m.

Die Erze enthalten: Mangan, Eisen, Kobalt, Nickel, Kupfer, Silber, Blei und Wismut.

Eines der Metallsalze, das Kupfervitriol, hat nach der Ortschaft Bieber den Namen Bieberit erhalten. Es befand sich in geringen Mengen als rosa Anflug auf den Kobalterzen.

Neben diesen Metallen findet sich in einigen Gängen bei Bieber auch noch Schwerspat oder Baryt.

Die Mächtigkeit der Gänge schwankt. Der Kobaltrücken des Zechsteins ist bis zu 6 m mächtig, hat aber meist nur 15-150 cm.

Die Mächtigkeit der Bänke des Rot- und Brauneisensteins beträgt 2,25 m.

Wahrscheinlich hat schon die Urbevölkerung der Kelten das Eisen hier in Rennöfen gewonnen. Rennöfen sind Gruben mit Holzkohle und Erz, aus denen das gewonnene Eisen in Rinnen (Rennen) ausfließen kann.

Die erste urkundliche Erwähnung der Erzgewinnung bei Bieber stammt aus dem Jahre 1494, die von Schürfversuchen von Gewerkschaften berichtet.

In der Mitte des 16. Jahrhunderts waren die Grafen von Hanau die Eigentümer der Bergwerke.

Während des 30-jährigen Krieges von 1618-48 ruhte der Bergbau, er wurde erst 1675 wieder aufgenommen.

1737 übernahmen nach dem Aussterben des Hanauer Grafenhauses die Landgrafen von Hessen die Biebererer Anlagen. In der nun folgenden Zeit waren hier 400-500 Bergleute beschäftigt.

Nachdem man 1806 einen 18 m mächtigen Rücken von Brauneisenstein gefunden hatte, stieg die Jahreserzeugung kräftig an. Sie betrug 100-150 Tonnen Eisen, 20-25 Tonnen Kupfer, 10-15 Tonnen Blei und 7-11,5 Tonnen Silber.

Die Förderung der Erze geschah sowohl im Tagebau als auch im Tiefbau.

Die Kobalterze wurden zu den Blaufarbenwerken in Karlshafen an der Weser und in Mottgers in unserem Gebiet transportiert, wo man sie zu Kobaltoxid (Smalte) verarbeitete. Das in der Natur olivgrüne Kobaltoxid ergibt durch Auflösung in Säuren bzw. in geschmolzenen Silikaten u. a. die beliebte tiefblaue Porzellan- und Steingutfarbe.

Der Schwerspat wurde pulverisiert und diente dann als weiße Anstrichfarbe. Er wurde bei der Herstellung von Papier und Kartons zur Erzeugung der weißen Farbe gebraucht.

Nachdem unsere Heimat 1866 zu einem Teil der preußischen Provinz Hessen-Nassau geworden war, wurde 1867 der Bergbau eingestellt und das Bergamt Bieber aufgelöst.

1882 pachtete ein Privatmann die Anlagen auf 20 Jahre. Er nahm den Bergbau wieder auf. Im Lochborn, umweit der Wiesbütte, wurde ein Schacht niedergebracht, der zu drei Sohlen in 105 m, 125 m und 150 m Tiefe führte. Hier wurden große Mengen von manganhaltigem Brauneisenstein gefördert. 1888 wurde mit der Förderung von 64 000 Tonnen der Höchststand erreicht, ab 1900 betrug die durchschnittliche Jahresförderung 50 000 Tonnen.

Zum Abtransport des Erzes wurde 1884/85 die 21 km lange Schmalspureisenbahn vom Biebererer Lochborn über Wirtheim nach Gelnhausen gebaut. In Gelnhausen wurden die Erze umgeladen, um mit der Eisenbahn zur Verhüttung in das Siegerland und Ruhrgebiet transportiert zu werden.

1907 übernahm die Firma Krupp aus Essen auf 25 Jahre den Abbau, stellte ihn jedoch 1925 wieder ein. Der Hauptgrund dafür war der hohe Arsengehalt der Eisenerze. Das bei der Aufbereitung der Erze verdampfende Arsenik (Arsenoxid) ist sehr giftig und muß deshalb kostspielig aufgefangen werden.

1925 hatten in Bieber noch 250 Bergleute gearbeitet.

Nach dem zweiten Weltkrieg von 1939-45 sind die Abbaurechte in andere Hände übergegangen, ohne daß der Bergbau wieder aufgenommen worden ist. Die Schmalspur-Eisenbahn wurde 1951 abgebaut.

Neuerdings plant man, einen alten Stollen wieder zugänglich zu machen, um eine Sehenswürdigkeit für den Fremdenverkehr zu schaffen.

Das oben genannte Blaufarbenwerk in Mottgers war 1731 von dem Grafen von Hanau gegründet worden und bald danach in den Besitz der hessischen Landgrafen übergegangen. Es hat jährlich im Durchschnitt 270 Tonnen Smalte hergestellt.

Da der Vorrat an Kobalterzen in Bieber allmählich zu Ende ging und seit 1836 in Deutschland das künstliche und billigere Ultramatin (Neu-Smalte) hergestellt wurde, mußte das Blaufarbenwerk in Mottgers schließlich seinen Betrieb einstellen, es wurde 1871 geschlossen.

Das Schlüchterner Becken

Die auffällige Eintiefung des Raumes um Schlüchtern hat drei Ursachen:

1) Wie bereits oben ausgeführt, ging eine von NW nach SO streichende Mulde von Frankenberg über Freiensteinau durch das Schlüchterner Gebiet und weiter nach Hammelburg und Schweinfurt.

Das ist die Schlüchterner Mulde.

2) Wie gleichfalls schon ausgeführt worden ist, wurde sie durch eine sich von Westen nach Osten erstreckende Mulde gekreuzt, die in der Büdinger Gegend begann und im Osten durch den Mottgerser Graben begrenzt wird.

Das ist die Kinzigmulde.

3) Im Untergrund des Schlüchterner Raumes lagerten Salze des Zechsteins. In die benachbarten großen Salzlager des Neuhofer Gebietes konnte das Grundwasser vor allem durch Klüfte und Verwerfungsspalten eindringen und die Salze teilweise auflösen.

Die Salzlösungen oder Solen bildeten zunächst Hohlräume im Zechstein, flossen aber schließlich, dem natürlichen Gefälle folgend, unterirdisch weiter.

Da sich südlich des Landrückens die Schlüchterner Mulde und die Kinzigmulde gebildet hatten, war das Gefälle von Neuhof nach Süden besonders groß. Infolgedessen flossen die Salzlösungen unterirdisch in den Schlüchterner Raum und laugten die dort um 100 m mächtigen Salzlager allmählich aus, so daß dort heute kaum noch Salze lagern. Das Verschwinden der etwa 100 m mächtigen Salzschicht führte zu einem Nachsacken der darüber lagernden Gesteine.

Der durch die Schlüchterner Mulde, die Kinzigmulde und die Eintiefung durch die Salzauslaugung des Untergrundes nunmehr entstandene Raum ist das Schlüchterner Becken.

Es ist nicht anzunehmen, daß es ausschließlich durch Salzauslaugungen entstand, weil die Salzschicht hier nur etwa 100 m mächtig gewesen sind und das Becken im ganzen ungefähr 200 m eingesunken ist.

Vielmehr haben das Zusammenwirken der harzischen Mulde mit der senkrecht zu den rheinischen Gräben entstandenen Kinzigmulde sowie die Salzauflösungen des Untergrundes die auffällige Eintiefung des Schlüchterner Beckens herbeigeführt.

Seine Einbeulung hat sich auch jenseits seines gegenwärtigen Raumes ausgewirkt. So wird das Gebiet der Tiefscholle von Flieden – rund 5 km nördlich des Landrückens – von den Geologen als eine Fortsetzung des Schlüchterner Beckens angesehen. Der das Schlüchterner Becken heute im Norden begrenzende Landrücken wurde aufgewölbt und läßt mitsamt der einstmals bis zu 150 m mächtigen Basaltdecke diesen Zusammenhang heute nicht mehr erkennen.

Ursprünglich gehört die Tiefscholle von Flieden zur Schlüchterner Mulde. Ihre nordöstliche Begrenzung folgt etwa der Linie Buchenrod-Flieden-Rückers-Veitsteinbach-Oberzell. Bei Oberzell erreicht sie die Heubacher Grabenzone. In Skizze 21 auf Seite 47 müßte die Schlüchterner Mulde also eigentlich doppelt so breit eingezeichnet werden, so daß ihre nordöstliche Grenze Oberzell erreicht.

Bei Flieden und Neuhof hat das Auslaugen der unterirdischen Salzlager an zahlreichen Stellen ein Nachsacken der darüber liegenden Gesteinsschichten bewirkt, so daß viele Senken entstanden, die im Tertiär und in der Eiszeit dann mit Tonen und Sanden zugeschwemmt worden sind. Z.B. liegen die Ortschaften Flieden und Neuhof auf solchen „Subrosionssenken“, die Senke von Flieden ist knapp 1 km^2 groß und die von Neuhof etwa 1,5 km^2.

Die Mineralwasser-Quellen

Den vom Neuhofer Salzgebiet durch den Schlüchterner Untergrund fließenden Mineralwässern war und ist der weitere Weg vorgegeben durch die in erzgebirgischer Richtung streichende Mulde des Kinzigtals. In dieser nach Südwesten gehenden Richtung befindet sich der Hauptstrom der salzhaltigen Wässer.

Sie lösen im Untergrund noch Kohlensäure auf. Diese stammt aus dem plastischen Untergrund der Erdkruste, wo sie mit dem Magma vermischt ist. Der Druck der Erdkruste treibt sie nach oben. An Spalten und Klüften kann die Kohlensäure aufsteigen und sich im Wasser lösen. Da die im Untergrund fließenden Wässer ebenfalls dem Druck der darüber liegenden Gesteinsschichten ausgesetzt sind, steigen sie in den Klüften und Spalten nach oben, so daß an der Erdoberfläche frei austretende Solequellen entstehen. Wo der Sole durch darüberliegende Tonschichten der Aufstieg verwehrt ist, kann ihr der Weg nach oben durch Bohrungen gebahnt werden.

Man betrachtet das Auftreten der Kohlensäure als den letzten Ausklang der vulkanischen Erscheinungen, die gerade in unserem Gebiet besonders rege gewesen sind.

Dem Zuge der Solewässer nach Südwesten folgend begegnen wir zuerst dem Bad Soden-Salmünster.

Hier, an der rheinischen Verwerfung des Salztales, entstand eine Gruppe frei austretender Mineralwasserquellen, deren Wässer sich in die Salz ergossen und ihr so den Namen gaben. Seit der Mitte des 19. Jahrhunderts hat man hier auch gebohrt. Der 1907 erbohrte Pacificus-Sprudel reicht 406 m tief bis in die Schichten des Zechsteins, ebenso der 1928 erbohrte König-Heinrich-Sprudel, der mit 540 m Tiefe bis in ausgelaugte Trümmergesteine des Zechsteins hinabreicht. Die anderen Sprudel kommen aus geringerer Tiefe, weil die Sole hier an Verwerfungsspalten in höhere Schichten gelangen konnte.

Auch Bad Orb ist reich an Salzquellen. Vielleicht wurde hier schon in vorgeschichtlicher Zeit Salz gewonnen. In geschichtlicher Zeit wurde es auf einigen Straßen in den

Handel gebracht, z.B. über den Sälzer- oder Esels-Weg, der in nord-südlicher Richtung durch den Spessart geht. Die Salinen mußten wegen der Konkurrenz mit dem billigeren Steinsalz im 19. Jahrhundert den Betrieb einstellen. Ein einziges Gradierwerk hat man als Denkmal stehen lassen. Statt der Salzgewinnung wurde der Badebetrieb begonnen.

Die in Bad Orb erbohrten Quellen lassen das Mineralwasser aus verhältnismäßig geringer Tiefe aufsprudeln, weil der Zechstein hier schon etwa 55-75 m unter der Erdoberfläche liegt. Die drei Hauptquellen schütten täglich etwa 650 Kubikmeter Mineralwasser aus.

8 km südöstlich von Gelnhausen sprudelt in Roßbach im Tal der Bieber die auch aus dem Zechstein stammende und als Tafelwasser verwendete „Spessartquelle".

10 km nordwestlich von Gelnhausen ist auch in Büdingen eine aus dem Zechstein gespeiste Saline vorhanden gewesen.

Gelnhausen selbst verfügt auch über Mineralwasser und hätte sich vielleicht zu einem Kurbadeort entwickeln können. 1865 entdeckte man nämlich am östlichen Stadtrand eine kleine Solquelle, und im folgenden Jahr erbrachte eine Bohrung in 13,5 m Tiefe eine 3%-ige Sole, ohne daß man den Plan, ein Bad zu errichten, weiter verfolgte. In den Jahren 1900-1909 brachte man sechs neue Bohrungen nieder, von denen vier fündig wurden.

In 41 m Tiefe erbohrte man den „Gela-Sprudel", der 1927 versiegte, in 26 m Tiefe weiter östlich davon die starke „Barbarossa-Quelle", die 1944 versiegte, aber 1950 wieder in Gang gebracht werden konnte. Im Badehaus wurden in den Jahren 1902-44 jährlich bis zu 8000 Bäder verabreicht.

In den Jahren 1970-77 brachte man abermals drei Bohrungen nieder und wurde dabei zweimal fündig.

Sämtliche Mineralwässer entstammen dem Zechstein, der in Gelnhausen an der Erdoberfläche ausstreicht, weshalb man die Bohrungen nur in geringe Tiefe vorzutreiben brauchte.

Das Hanauer Wilhelmsbad entstand 1776-84, nachdem man dort 1709 eine Mineralwasserquelle entdeckt hatte. Sie entstammte hier jedoch nicht dem Zechstein, sondern wie der dort zutagetretende Basalt einer nord-südlichen Verwerfungsspalte. Die Quelle verlor aber ziemlich schnell ihre

Kraft, so daß der Badebetrieb schon um 1820 im wesentlichen eingestellt werden mußte. 1865 versiegte die Quelle schließlich ganz.

Nördlich von Hanau erlangte der seit der Römerzeit bekannte Selzerbrunnen von Großkarben Bedeutung.

Auch in Offenbach wurden Solequellen erbohrt.

Der Zechstein des Gebietes Neuhof-Fulda ist sicher auch der Lieferant für die östlich unserer Heimat sprudelnden Quellen der Bäder Brückenau, Neustadt an der Saale, Bocklet und Kissingen, auch in Wernarz ist eine Quelle.

Auch im Sinn-Tal ist in Kothen die Pilsterquelle und in Burgsinn der Bavaria-Sprudel erbohrt worden. In Burgsinn fließt die Quelle aus dem dort in 318,2 m Tiefe liegenden Zechstein.

Gleichfalls speist er u.a. die Quellen der im Vogelsberg liegenden Bäder Salzhausen und Selters, sowie des nördlich von Fulda gelegenen Bades Salzschlirf.

Bis 1977 hatte man angenommen, daß die Salzwässer von Neuhof auch die am Ostrand des Taunus liegenden Bäder speisen, z.B. die Bäder Nauheim und Homburg vor der Höhe. Aber 1977 von Hölting vorgenommene Analysen haben ergeben, daß diese sich in ihrer chemischen Zusammensetzung wesentlich von ihnen unterscheiden.

Der Ursprung der Quellen der Taunusbäder liegt nach Hölting im Tertiär des Rheingrabens, obwohl das Gefälle hier niedriger ist.

Skizze 34 auf der nächsten Seite zeigt die Wanderwege der Salzwässer. Im Westen kommen sie entweder aus dem lothringischen Muschelkalk oder aber aus dem Tertiär des Rheingrabens. Dagegen stammen sie im Osten aus den Salzgebieten an der Werra und Fulda.

Für die Trennung der beiden Liefergebiete ist geologisch die große Scholle des Rotliegenden maßgebend, die sich nördlich an den Odenwald anschließt und bis an den Vogelsberg erstreckt. Auf der Tafel am Schluß des Buches ist die Verbreitung des Rotliegenden in unserem Raum dargestellt.

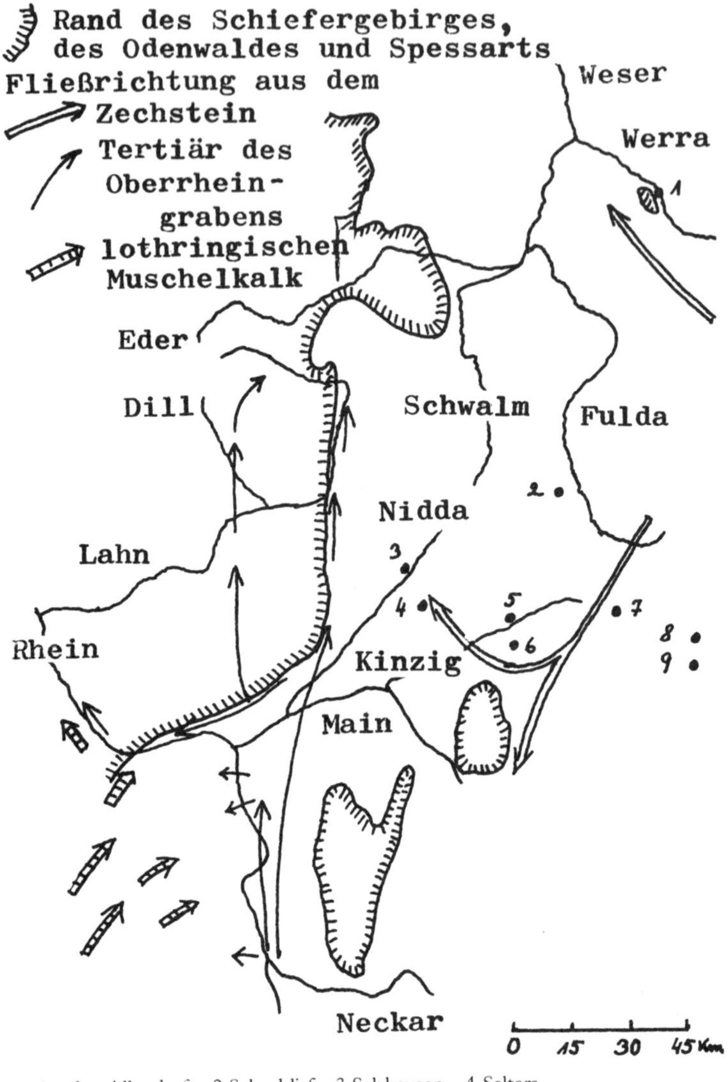

1 Sooden-Allendorf 2 Salzschlirf 3 Salzhausen 4 Selters
5 Soden-Salmünster 6 Orb 7 Brückenau 8 Neustadt 9 Kissingen

Ortsverzeichnis zu Abbildung 34

Skizze 34 Die Wanderwege der Salzwässer

Die Entwicklung des Mains

Die Kinzig mündet bei Hanau in den Main. Da der Main die Landschaft des Hanauer Raumes mitbestimmt hat, ist ein Blick auf die geologische Entwicklung des Mains angebracht.

Es steht fest, daß der heute 495 km lange Main – geologisch gesehen – ein noch junger Fluß ist.

Wahrscheinlich ist er durch die Verknüpfung mehrerer Flußsysteme entstanden, die früher unabhängig voneinander waren.

Folgende vier Flußsysteme kommen in Frage:

1) der Obermain oder Bamberger Main,
2) der Altmühl-Main,
3) der Tauber-Main und
4) der Untermain oder Aschaffenburger Main.

Die Ursache ihres einstigen Bestehens ist die Tatsache, daß am Ende der Jura-Zeit und im Laufe der dann folgenden Kreide-Zeit das süddeutsche Gebiet nach Süden und Südosten abkippte, so daß die sich damals bildenden Flüsse alle von Norden her nach Süden oder Südosten fließen mußten.

I. Der Obermain oder Bamberger Main

Die Hauptquelle des Mains ist die des Weißen Mains. Sie liegt im Fichtelgebirge am Osthang des Ochsenkopfs in 890 m Höhe. Nach seiner Vereinigung mit dem kleineren Roten Main fließt der nunmehr Main genannte Fluß erst in westlicher Richtung und dann in südlicher Richtung nach Bamberg (B) und wendet sich schließlich nach Westen, wie es Skizze 36 auf Seite 93 zeigt.

Früher war das jedoch anders.

Fest steht, daß der Obermain von Forchheim (F) an nach Süden floß, was Skizze 35 auf Seite 92 zeigt.

Da in dem heutigen Regnitz-Abschnitt von Bamberg bis Forchheim Gerölle aus dem Fichtelgebirge fehlen, kann der Ur-Main hier nicht geflossen sein. Er muß von seinen Quellen her einen anderen Lauf gehabt haben, ehe er zwischen Forchheim und Erlangen (E) das Tal der Regnitz erreichte.

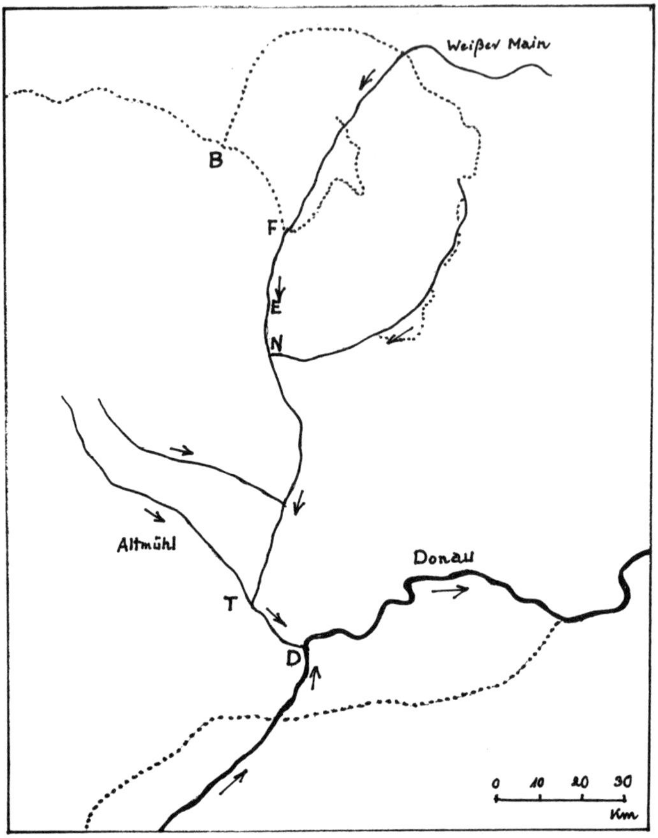

Skizze 35
Der Obermain früher

Schröder vermutete 1968, daß die Wasser des Obermains von Nordosten her zur Regnitz geflossen sind. Gegenwärtig fließen dort die Wiesent, welche bei Forchheim mündet, und die Pegnitz, welche bei Nürnberg in die Regnitz mündet.

Der Urmain soll ungefähr ihrem Lauf oder dem ihrer Zuflüsse gefolgt sein. Hochgelegene Schotter aus dem Fichtelgebirge lagern auf der nördlichen Frankenalb an einigen Stellen nahe der heute tiefer fließenden Wiesent und Pegnitz, sie können zum alten Oberlauf des Urmains gehören. Was die Pegnitz betrifft, so hatte von Freyberg 1961 festgestellt, daß ihre Schotter von einem Fluß stammen, der seinen Ursprung weiter im Norden hatte. Damit wird aber mindestens das Quellgebiet des Roten Mains erreicht.

Skizze 36
Der Obermain heute

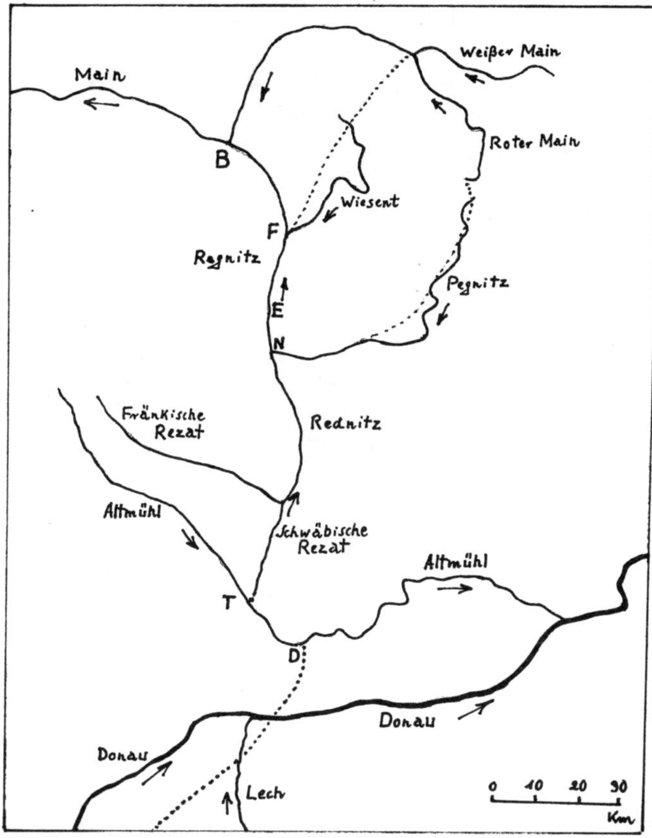

Dementsprechend sind in Skizze 35 zwei mögliche Oberläufe des Obermains eingezeichnet worden. Die gegenwärtigen Flußläufe sind gepunktet dargestellt.

Der Obermain floß dann von Forchheim (F) über Nürnberg (N) nach Süden, vereinigte sich bei Treuchtlingen (T) mit der Altmühl und mündete bei Dollnstein (D) in die damals dort fließende Donau. Von Forchheim bis Treuchtlingen benutzte der Main also die heutigen Täler der Regnitz, Rednitz und schwäbischen Rezat.

Die Donau änderte erst vor rund 120 000 Jahren ihren Lauf so, daß sie nicht mehr das Tal der heutigen Altmühl durchfloß. Jedenfalls war der Obermain früher kein Nebenfluß des Rheins, sondern der Donau.

II. Der Altmühl-Main

Im Jahre 1957 veröffentliche Büdel eine Abhandlung mit der in Skizze 37 wiedergegebenen Karte, welche weiter in Frage kommende Flußsysteme zeigt.

Büdel nahm an, daß ein solches Flußsystem mit dem Main-Dreieck begann. Den rechten Schenkel des Main-Dreiecks bildet der Schweinfurter Main.

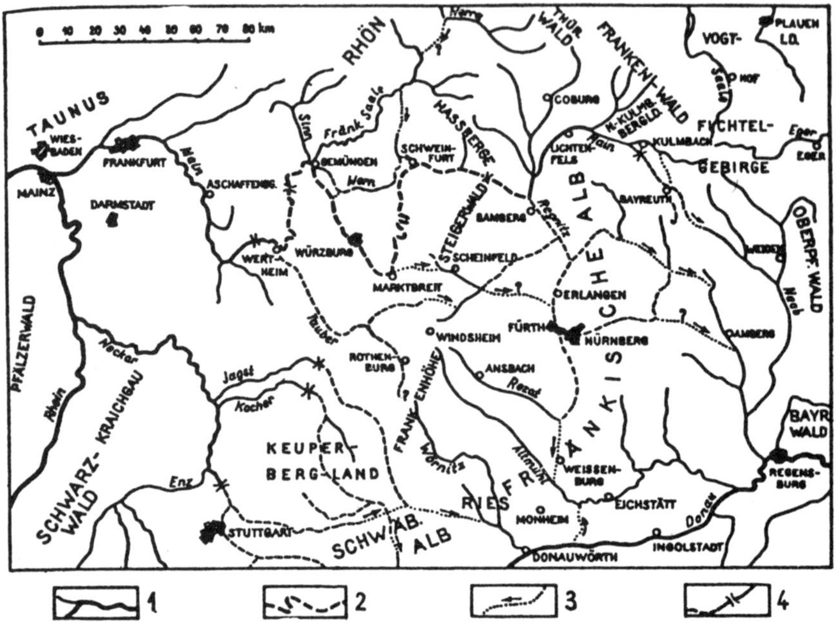

1 Seit langem gleichgerichtete Abflußrinnen
2 Im Lauf des Pliozän umgeleitete Abflußrinnen
3 Heute nicht mehr benutzte Durchflußrinnen (Pfeile: Einstige Abflußrichtung)
4 Ungefähre Lage einstiger Wasserscheiden im Zuge heutiger Abflußrinnen

Skizze 37 Pliozäne Flußnetzentwicklung in Franken (nach Büdel)

Er nahm, was in Skizze 38 auf Seite 96 dargestellt ist, seinen Anfang bei Haßfurt (H) und floß über Schweinfurt nach Marktbreit (M). Einer seiner Zuflüsse war die Ur-Wern, die früher zwischen Schweinfurt und Hergolsheim in den Main mündete.

Den linken Schenkel des Main-Dreiecks bildet der Würzburger Main. Ihm flossen die fränkische Saale und die Sinn zu, wahrscheinlich auch noch die Lohr.

Auf dem Abschnitt Lohr(L)-Gemünden(G)-Würzburg (W)-Marktbreit(M) hatte der Main also eine gegenüber heute umgekehrte Fließrichtung. Diese Feststellung wird heute von den Geologen allgemein anerkannt.

Bei Marktbreit vereinigten sich der Würzburger und der Schweinfurter Main.

Wie flossen die Wässer des Main-Dreiecks weiter?

Büdel nahm an, daß sie in östlicher Richtung die Zuflüsse der Aisch erreichten und nannte dieses Flußsystem deshalb die Ur-Aisch. Die Aisch ist mit ihren Zuflüssen in Skizze 39 auf Seite 97 eingezeichnet.

Seitdem sich jedoch herausgestellt hat, daß die Altmühl Gerölle führt, die z.T. aus Basalt bestehen, muß man die Annahme eines Ur-Aisch-Systems aufgeben zugunsten einer von Marktbreit aus nach Süden gehenden Verbindung zur Altmühl. Dieses System könnte man den Altmühl-Main nennen. Die Basalt-Gerölle können nämlich nur aus der Rhön stammen und von der Sinn über den Würzburger Main in die Altmühl gelangt sein.

Die heutigen Quellen der Altmühl liegen zwei bis drei Kilometer südlich von Burgbernheim (BB) und sind etwa 30 km von Marktbreit entfernt.

Wie der Altmühl-Main von Marktbreit aus nach Süden geflossen ist, läßt sich nicht mehr genau rekonstruieren, da der Wasserweg sich in einem etwa 100 m höheren Niveau befunden hat. Folgt man beim gegenwärtigen Flußnetz dem bei Marktbreit mündenden Breitbach bis über Obernbreit hinaus und dann dem mühlenreichen Tal der Iff bzw. des Iffbachs bis zu einer seiner Quellen in 342 m Höhe – ostnordöstlich von Weigenheim –, so kommt man den Qellen der Altmühl schon auf 17 km nahe. Der Altmühl-Main könnte von da an etwa der heutigen Eisenbahn-Linie

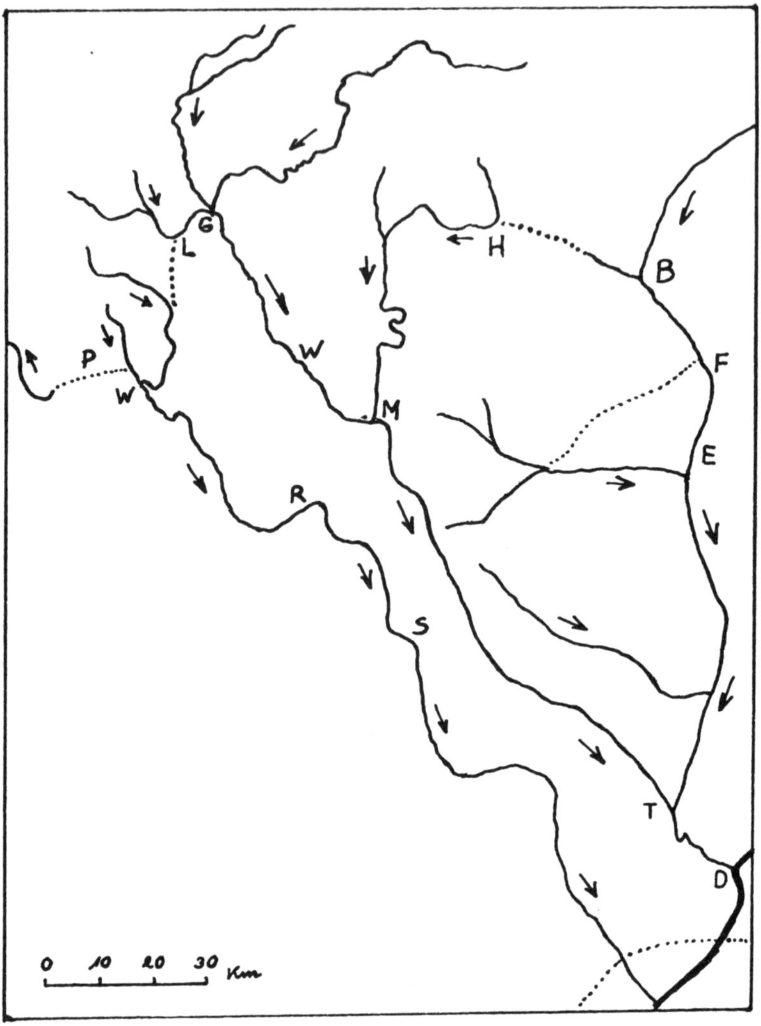

Skizze 38 Der Tauber-Main und der Altmühl-Main

Uffenheim-Steinach gefolgt sein, um dann über Wildbad den Anschluß an die Quellen der Altmühl zu erreichen, von denen die höchste bei 470 m Höhe liegt.

Die Altmühl mündet in die Donau, so daß auch der Altmühl-Main einer ihrer Nebenflüsse war.

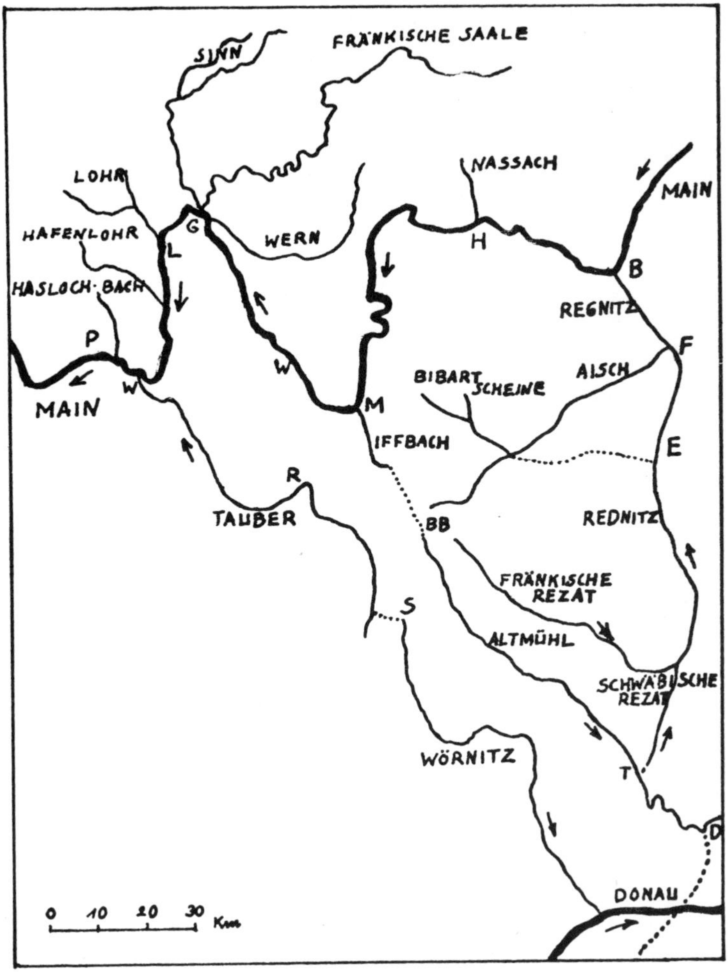

Skizze 39 Die heutigen Flußsysteme beim mittleren Main

III. Der Tauber-Main

Als drittes Flußsystem kommt nach Büdel der Tauber-Main in Betracht. Er umfaßt einen Teil des Main-Vierecks und findet seine Fortsetzung über die Wörnitz, die bei Donauwörth die Donau erreicht. Die Skizzen 38 und 39 zeigen das frühere und gegenwärtige Flußnetz.

Büdel nahm 1957 an, daß etwa 5 km südlich von Lohr(L) eine Wasserscheide bestanden hat. Sie könnte heute etwa durch die Linie vom Steinernen Bühl (470 m) westlich des Mains bis zum Hohen Berg (347 m) östlich des Mains bestimmt sein. Beide Bergkuppen sind 4300 m voneinander entfernt. Der Main fließt hier heute in rund 143 m Höhe.

Eine zweite Wasserscheide vermutete Büdel bei Dorfprozelten (P), wo sie heute etwa durch die Linie vom Hochberg (380 m) nördlich des Mains bis zum Vorderen Berg (408 m) bestimmt ist. Die beiden Bergkuppen sind hier nur 2300 m voneinander entfernt, und der Main fließt hier in rund 130 m Höhe.

Von beiden Wasserscheiden flossen vermutlich kleine Gewässer nach Wertheim (W), wo sie sich vereinigten und dann nach Südosten fließend entgegengesetzt zur gegenwärtigen Fließrichtung der Tauber dem Taubertal folgten.

Folgt man dem Taubertal bis zur Quelle in 430 m Höhe auf dem Frankenwald, so kommt als südöstliche Fortsetzung die Wörnitz in Frage.

Tauber und Wörnitz kommen sich in ihren Quellmulden heute noch auf 5750 m nahe. Die Quelle der Wörnitz liegt 492 m hoch in Schillingsfürst (S). Nur 300 m von ihr entfernt entspringt in fast gleicher Höhe ein kleiner Zufluß der Tauber, der nach Nordwesten fließt. Da die Wasserscheide zwischen diesen beiden Quellen nur einige Meter über ihnen liegt, sind somit selbst heute noch die Gewässernetze der Tauber und der Wörnitz fast aneinander angeschlossen.

Die Wörnitz mündet bei Donauwörth in die Donau. Der Tauber-Main ist früher also auch ein Nebenfluß der Donau gewesen.

IV. Der Untermain oder Aschaffenburger Main

Der Untermain oder Aschaffenburger Main ist in Skizze 40 dargestellt.

In seiner 1981 erschienenen Erdgeschichte Bayerns vertritt Rutte die Ansicht, daß in der westlichen Seite des Main-Vierecks, also im Abschnitt von Miltenberg bis Hanau, noch vor rund 2 Millionen Jahren die Wässer in gegenüber heute entgegengesetzter Richtung nach Süden geflossen seien und über die bei Miltenberg mündende Mudau schließlich den Anschluß an Jagst und Kocher gefunden hätten, die einstmals auch nach Süden bzw. Südosten flossen, so daß ihre Fortsetzungen die Donau erreichten.

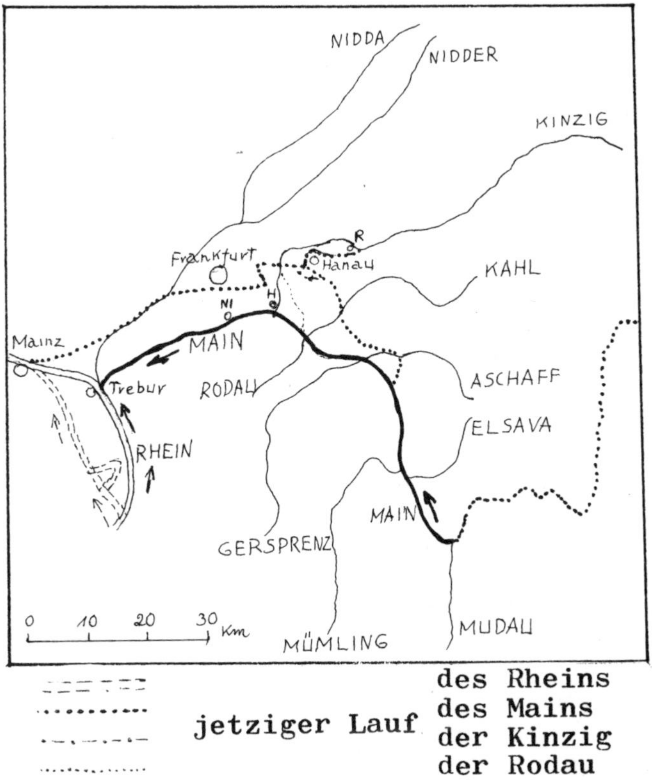

Skizze 40 Der Untermain oder Aschaffenburger Main

Wenn dies Flußsystem bestanden haben sollte, müßte das jedoch in einer so weit zurückliegenden Zeit der Fall gewesen sein, wo der Oberrheingraben noch nicht im Entstehen begriffen war, also etwa vor 45 Millionen Jahren. Das allmähliche Absinken des Oberrheingrabens bewirkte nämlich auch eine Absenkung des Hanau-Seligenstädter Raumes, so daß der Untermain von da an nicht mehr nach Süden, sondern nach Norden bzw. Westen fließen mußte.

Dementsprechend nehmen Büdel und Illies für den Unter-Main oder Aschaffenburger Main auch den in Skizze 40 dargestellten Lauf an.

Er hatte seine Quellen im Spessart und Odenwald und war ein verhältnismäßig kleines Gewässer. Da das Hanauer Gebiet am Ende des Tertiärs noch nicht so stark abgesunken war wie heute, folgte der Untermain nur bis Obernau (O) 5 km südlich Aschaffenburg seinem heutigen Lauf. Von dort an floß er zunächst in nord-nordwestlicher Richtung, um dann westlich von Aschaffenburg mehr oder weniger nach Nordwesten vorzudringen. Westlich von Seligenstadt floß er ziemlich genau nach Westen, weil der Raum nördlich dieses Weges noch nicht um 30 bis 35 Meter abgesunken war. Mit Mühe überwand der Untermain dann den Sprendlinger Horst, einen Höhenzug, der die Fortsetzung des Odenwaldes und des Messeler Hügellandes bildet und im Norden in die Hohe Straße überging, die sich vom Frankfurter Raum mit seinem Sachsenhäuser Berg bis in die Gegend von Hanau erstreckt. Zwischen Heusenstamm (in Skizze 40 mit H bezeichnet) und Neu-Isenburg (NI) war seine Rinne sehr schmal, wie man aus den dortigen Quartär-Ablagerungen schließen konnte. Nach der Überwindung des Sprendlinger Horstes floß der Main schließlich nach Trebur, wo er in den Rhein mündete. Soweit der Überblick über die vier in Frage kommenden Flußsysteme.

Als Zeitraum ihrer Entstehung sehen die Geologen das Tertiär an, und zwar seinen als Miozän bezeichneten Abschnitt, der vor etwa 5 Millionen Jahren zu Ende ging.

Über sehr lange Zeiträume hinweg sind es kleine Gewässer gewesen, die in breiten Talmulden kaum eingetieft daherflossen und ihren Lauf häufig verlagerten. Z.B. wich der Main früher bei Volkach bis zu 5 km von seinem heutigen Bett ab.

Die Entstehung des Mains

Wie kam es nun zu den Veränderungen, die zur Entstehung des heutigen Mains geführt haben?

Letzten Endes ist die Ursache das Einsinken des Oberrheingrabens, der dem Rhein eine gegenüber der Donau viel tiefer liegende Basis verschaffte. In der Frankfurter Gegend fließt er gegenwärtig in rund 90 m Höhe dahin, während die Donau ein viel höheres Niveau in Süddeutschland besitzt. An den Mündungen der Wörnitz und der Altmühl beträgt es etwa 390 bis 340 m.

Infolgedessen war das Gefälle des Untermains sehr viel stärker als das des Tauber-Mains und des Altmühl-Mains. Das bewirkte beim Untermain eine starke Erosion, d.h. er erweiterte sein Quellgebiet infolge der Abtragung der dort liegenden Hänge immer weiter nach rückwärts.

Zuerst wurde die Wasserscheide bei Dorfprozelten durchbrochen und damit der Tauber-Main an den Untermain angeschlossen, d.h. die Tauber kehrte ihre Fließrichtung um und trennte sich von der Wörnitz. Danach wurde die Wasserscheide bei Lohr durch die rückschreitende Erosion überwunden, so daß der Main zwischen Gemünden und Marktbreit seine Fließrichtung umkehrte. Die Verbindung zwischen dem Main und der Altmühl riß ab.

Schließlich eroberte der Main durch rückschreitende Erosion auch noch die Wasserscheide bei Haßfurt und schloß damit auch noch den Obermain an. Diese Wasserscheide war die Schwelle des Steigerwaldes und der Haßberge zwischen Haßfurt und Eltmann und bestand aus Sandsteinen der Keuper-Zeit. Sie lag im Zuge des Kellerwaldsattels, der Seite 46 erwähnt worden ist und sich in erzgebirgischer Richtung von Nordwesten nach Südosten über Fulda und Kissingen bis in die Gegend von Haßfurt erstreckte.

In dem Abschnitt bei Zeil sägte sich der Main 100 m tief ein, er ist geologisch der jüngste Teil des Mains.

Die Regnitz, Rednitz und schwäbische Rezat kehrten ihre Fließrichtung um, und die Verbindung der Rezat mit der Altmühl riß bei Treuchtlingen ab.

Nunmehr schwoll der neugebildete Main zu dem Strom an, den er gegenwärtig bildet.

Was den Zeitraum der Entstehung des Mains betrifft, so dürfte die rückschreitende Erosion im Pliozän, also vor rund 5 Millionen Jahren begonnen und im ältesten Pleistozän, vielleicht vor rund 350 000 Jahren ihren Abschluß gefunden haben.

Ergänzungen

Wenn man die Landkarte betrachtet, drängt sich die Frage auf, ob im Zuge der neuen Fließrichtung des Mains nach Westen dieser damals nicht vielleicht auch noch über die Wasserscheide zur Wern geflossen ist, was seinen Weg nach Westen erheblich abgekürzt hätte. Es steht jedoch fest, daß der heutige Oberlauf der Wern in der ältesten Eiszeit soviel Schotter herangeführt hat, daß der Wern der Weg zum Main, wo sie früher zwischen Schweinfurt und Hergolsheim mündete, verschüttet worden war. Die Wern mußte sich daraufhin nach Westen einen neuen Weg bahnen und erreichte erst in der Gegend von Gemünden den Main. Die Wern war also immer nur ein Nebenfluß des Mains, und dieser ist nie über die Wern-Schwelle hinübergeflossen.

Als um die Wende von der Tertiär- zur Eiszeit – vor rund 1,5 Millionen Jahren – mit dem Emporsteigen der mitteldeutschen Schwelle auch der Spessart allmählich herausgehoben wurde, mußte sich der Main auf dem Abschnitt von Wertheim bis Miltenberg immer tiefer in den Buntsandstein einsägen. Dank seiner immer größer werdenden Wasserkraft gelang ihm das, er konnte den langsamen Aufstieg des Spessarts ausgleichen.

Erst in der ältesten Eiszeit tiefte sich der Main allmählich in ein geringeres Niveau ein, wobei sich der Hanauer Raum mit bis zu 150 m mächtigen Ablagerungen, durch die Absenkung des Hanauer Beckens begünstigt, auffüllte.

In einen größeren Rahmen gestellt gehört die hier dargestellte Entwicklung des Mains zu der weiträumig erfolgten Erweiterung des Einzugsgebietes des Rheins, der als tiefliegende Basis all seinen Zuflüssen ein großes Gefälle verschaffte, so daß diese Zuflüsse durch rückschreitende Erosion ihre Einzugsgebiete erweitern konnten und damit andere Flüsse, insbesondere die Donau, um große Teile ihres früheren Einzugsgebietes berauben mußten.

Die europäische Hauptwasserscheide zwischen dem Rhein und der Donau läuft über Treuchtlingen, wo sich die Quellbäche der schwäbischen Rezat und ein kleiner Zufluß der Altmühl bis auf 1300 m nahe kommen. Die Altmühl fließt hier in 410 m Höhe, ein Quellbach der Rezat entspringt in 418 m Höhe. Die Wasserscheide zwischen ihnen liegt nur wenig darüber bei 419 m Höhe.

Es ist erstaunlich, daß schon Karl der Große im Jahre 793 versuchte, das bei Treuchtlingen unterbrochene Flußsystem des Mains mit der Donau durch den Bau eines Grabens wieder miteinander zu verbinden, um die Schiffahrt vom Rhein zur Donau zu ermöglichen. Der Versuch scheiterte damals. Die Reste des „Karlsgrabens" (fossa Carolina) sind jedoch bei Treuchtlingen im Dorf Graben noch heute zu sehen. Es befindet sich dort noch ein 1230 m langes Stück, das bis zu 30 m breit ist und einen Aushub bis zu 5 m Tiefe aufweist.

1836-45 ließ König Ludwig I. von Bayern den nach ihm benannten 15 m breiten Kanal bauen, der von Bamberg über Nürnberg führte und bei Dietfurt die Altmühl erreichte. Er war für den Gütertransport dem Wettbewerb mit der damals aufkommenden Eisenbahn jedoch nicht gewachsen, so daß er schon nach zehn Jahren nicht mehr benutzt wurde.

Gegenwärtig ist als Großschiffahrtsweg der 55 m breite Rhein-Main-Donau-Kanal im Bau, der den Ludwigs-Kanal ersetzen soll.

Das Eiszeitalter

Die gegen das Ende der Tertiär-Zeit eingetretene Verschlechterung des Klimas setzte sich auch in der Folgezeit fort. Sie steigerte sich noch, indem es weltweit mehrmals zu Kälteperioden kam. Die durchschnittliche Jahrestemperatur erniedrigte sich in ihnen so stark, daß es jedesmal zu einer Vergrößerung des die Erde bedeckenden Eisschildes kam. Während das Eis gegenwärtig im wesentlichen nur noch Grönland und die Polargebiete bedeckt, stieß es in einigen Kalt- und Eiszeiten von Skandinavien aus sogar bis nach Norddeutschland vor, wo es zeitweise u.a. Westfalen und Thüringen bedeckte und von den Alpen ausgehend nach Augsburg und München kam.

Das Eis hat diesem Abschnitt der Erdgeschichte den Namen Eiszeit (Glazialzeit) gegeben. Die neuere geologische Gliederung bezeichnet ihn als Pleistozän.

Über die Ursachen der Eiszeit ist bisher nichts Sicheres bekannt.

Jeder Kälteperiode folgte eine Warmzeit, in der die durchschnittliche Jahrestemperatur ungefähr der jetzigen entsprach. Sie beträgt in unserem Raum jetzt 8° Celsius.

Der mehrmalige Wechsel von verschieden langen Kalt- und Warmzeiten hat das Eiszeitalter geprägt.

Es soll im ganzen 18-20 Kaltzeiten gegeben haben.

Im Anhang ist der Versuch einer zeitlichen Gliederung des letzten Abschnitts des Eiszeitalters begründet worden, auf dem die hier verwendeten Zahlen beruhen.

Wenn das Tertiär vor rund 1,5 Millionen Jahren zu Ende gegangen sein sollte, ist ihm wahrscheinlich zunächst eine Übergangszeit von rund 750 000 Jahren Dauer gefolgt, in der es erst zu verhältnismäßig noch milden Kältezeiten kam. In Nordwesteuropa haben 5 davon Spuren hinterlassen.

Erst nach dieser Übergangszeit, vor rund 750 000 Jahren, begann für unseren Raum die eigentliche Eiszeit.

Von den vermutlich 7 Kaltzeiten dieses Zeitraumes hat erst die 4. Kaltzeit in unserem Gebiet Spuren hinterlassen. Sie wird im süddeutschen Raum als Günz-Kaltzeit und im norddeutschen Raum als Elbe-Kaltzeit bezeichnet, begann vor etwa 420 000 Jahren und endete nach der langen Dauer von 70 000 Jahren vor etwa 350 000 Jahren. Sie war trotz ihrer Dauer indessen noch nicht so stark, daß es schon zu einer Eisbedeckung von Norddeutschland gekommen wäre.

Da den Flüssen in der Eiszeit eine landschaftsverändernde Bedeutung zukommt, soll zunächst ihr vermutlicher Lauf zu Beginn des Eiszeitalters beschrieben werden.

Der frühere Lauf des Mains ist schon ab Seite 91 und durch Skizze 40 dargestellt worden. Hier soll das Bild durch die Erwähnung seiner Zuflüsse abgerundet werden.

Die Aschaff floß von ihrer jetzigen Mündung in den Main an wahrscheinlich im heutigen Mainbett und dann im Unterlauf der Gersprenz insgesamt noch etwa 7 Kilometer nach Westen, um zwischen Stockstadt und Harreshausen den Main zu erreichen.

Die Kahl floß von ihrer heutigen Mündung in den Main an wahrscheinlich in südwestlicher Richtung weiter, zunächst 3 Kilometer im jetzigen Mainbett und dann noch etwa 5 Kilometer bis in die Nähe von Dudenhofen, wo sie schließlich in den Main mündete.

Nicht weit davon mündete von Westen her auch die Rodau, deren jetziger Unterlauf bis Mühlheim damals noch nicht bestand.

Was nun die Kinzig betrifft, so ist deren von heute abweichender Lauf an der Wende vom Tertiär zur Eiszeit in Skizze 41 auf Seite 107 dargestellt worden.

Von Rückingen an floß sie wahrscheinlich nach Nordwesten und nicht wie heute nach Süden.

Der Bearbeiter des geologischen Blattes Hanau, von Reinach, hatte 1899 die Vermutung geäußert, daß die Ursache der Kinzig-Ablenkung nach Norden ein bei Rückingen vorhandener Querriegel von harten Gesteinen des Rotliegenden gewesen sei, den die Kinzig erst später durchsägen konnte. Nach den Feststellungen von Seidenschwann ist dort jedoch kein besonderer Riegel von Rotliegendem vorhanden, das Rotliegende ist in jener Gegend überall im Untergrund festzustellen.

Die Kinzig nahm auf ihrem früheren Lauf bei Langendiebach den Fallbach auf. Die Kinzig- und Fallbach-Wässer flossen dann nach Westen. Bei der Fasanerie nördlich von

Hanau vereinigten sie sich mit dem Krebsbach. Die Wässer der Kinzig, des Fallbachs und Krebsbachs flossen nun in westlicher Richtung weiter.

Bei Hochstadt traf die Kinzig auf einen Riegel aus Gesteinen des Rotliegenden, der sie möglicherweise zu einem Umlenken nach Süden zwang. Den Anschluß an den Main konnte sie jedenfalls nur in südlicher Richtung erreichen, da sich im Westen das heute abgesunkene Verbindungsstück des Sprendlinger Horstes mit der Hohen Straße befand, von dem der jetzige Sachsenhäuser Berg noch ein Rest ist. Vermutlich folgte die Ur-Kinzig von Mühlheim an dem Lauf der Bieber, und zwar entgegengesetzt zu deren heutiger Fließrichtung, womit sie bei Heusenstamm in den Untermain münden konnte, der sich von da an in einer sehr schmalen Rinne den Weg durch den Sprendlinger Horst nach Neu-Isenburg gebahnt hatte. Diese Anschauung über den früheren Unterlauf der Kinzig ist freilich nur eine Vermutung. Wenn der Sprendlinger Horst mit der Hohen Straße jedoch für den Main ein Hindernis gewesen ist, dann muß das ebenso auch für die Kinzig gelten. Jedenfalls nimmt auch der Geologe Illies an, daß die Kinzig früher bei Heusenstamm in den Main mündete.

Was geschah nun im Verlauf der Kaltzeit, die man auch als die Elbe-Günz-Kaltzeit bezeichnet, in unserem Raum?

Die Kinzig und ihre Zuflüsse lagerten soviel Sand, Ton und Schotter ab, daß sie die am Ende des Tertiärs erfolgte Vertiefung ihrer Betten, wenn auch nicht ganz, so doch zu einem großen Teil rückgängig machten, indem sie sich ein wieder höheres Niveau verschafften.

Die Kinzig floß am Ende der viertletzten Kaltzeit in einem ungefähr 25 m höheren Niveau als heute.

Der Main füllte zusammen mit seinen Zuflüssen die Hanauer Senke auf, mit dem Auslauf der Tertiärzeit und dem Beginn des Eiszeitalters war das Hanau-Seligenstädter Bekken abgesunken. Dadurch wurde die Pforte durch den Sprendlinger Horst zwischen Heusenstamm und Neu-Isenburg geschlossen. Der Main hatte keinen Abfluß mehr nach Westen. Er wurde zu einem See gestaut. Es bildete sich ein riesiger Ablagerungsraum, so daß die Main-Ebene am Ende

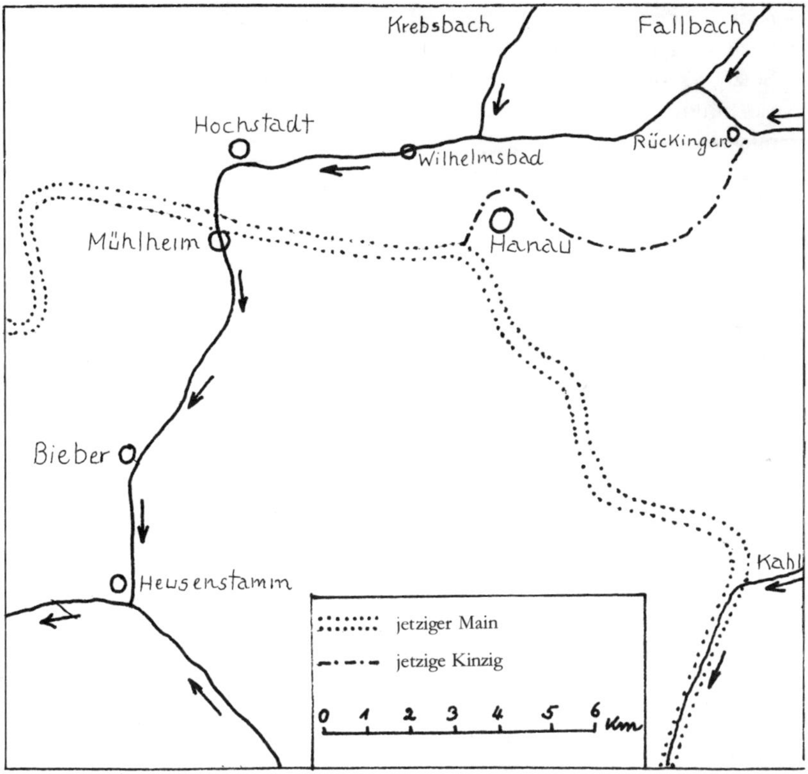

Skizze 41 Der Unterlauf der Kinzig an der Wende vom Tertiär zur Eiszeit

der viertletzten Kaltzeit ein rund 40 bis 45 Meter höheres Niveau als gegenwärtig hatte.

Skizze 42 zeigt mit der schraffierten Fläche die ungefähre Ausdehnung der damaligen Main-Ebene bzw. des vom Main gebildeten Sees im Hanauer Raum. Das Gebiet zwischen Niederrodenbach, Somborn und Alzenau war eine Insel.

Skizze 44 zeigt die vermutliche Gesamtausdehnung des Sees. Der besseren Übersicht wegen steht die Skizze 43 mit der Darstellung des schon beschriebenen ursprünglichen Gewässernetzes noch einmal daneben.

Der große See erstreckte sich vom Messeler Hügelland im Westen bis zum Spessartrand im Osten mit einer Breite von rund 20 Kilometer. Von der Hohen Straße im Norden bis zur Dieburger Bucht im Süden dürfte der See eine Länge von rund 35 Kilometer gehabt haben.

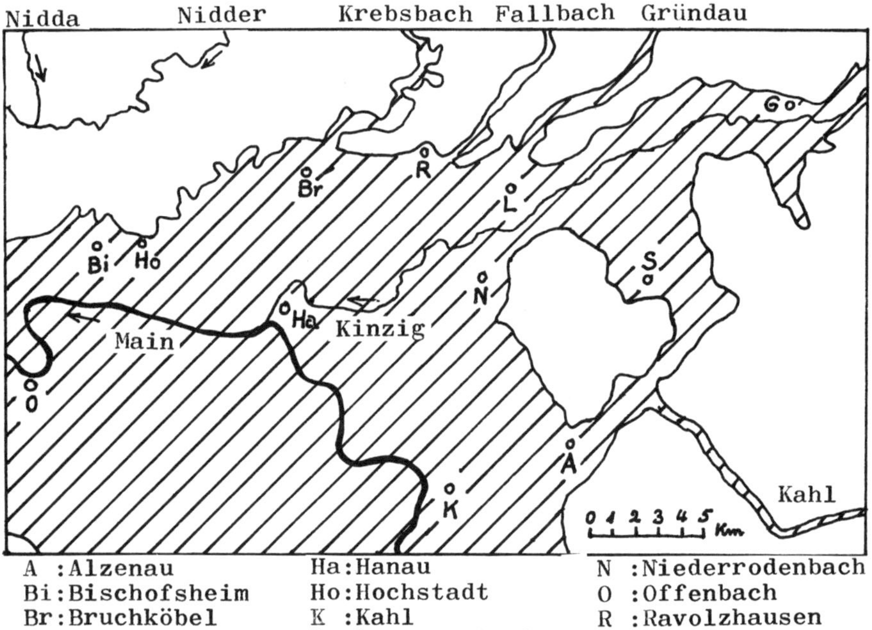

A :Alzenau
Bi:Bischofsheim
Br:Bruchköbel
G :Gelnhausen
Ha:Hanau
Ho:Hochstadt
K :Kahl
L :Langenselbold
N :Niederrodenbach
O :Offenbach
R :Ravolzhausen
S :Somborn

Skizze 42 Die Main-Ebene nach der viertletzten Kaltzeit

Skizze 43 Das Netz der Gewässer vor der viertletzten Kaltzeit

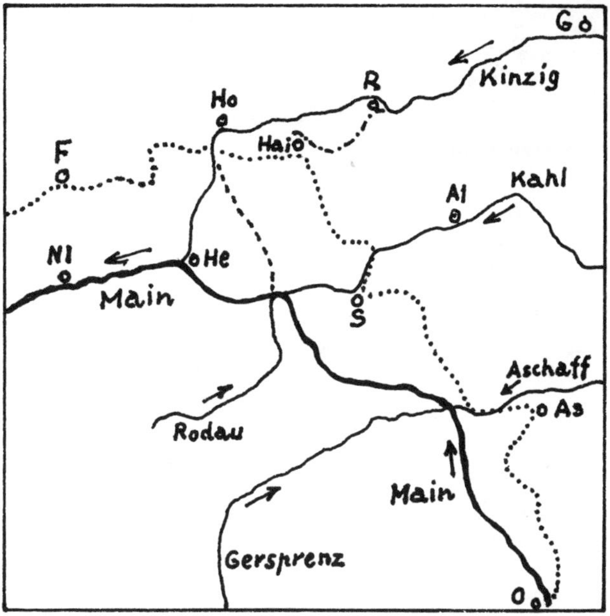

. . . . . heutiger Main —·—·— heutige Kinzig – – – – – heutige Rodau

Al: Alzenau
As: Aschaffenburg
D: Dieburg
F: Frankfurt
G: Gelnhausen
GU: Groß-Umstadt
Ha: Hanau
He: Heusenstamm
Ho: Hochstadt
NI: Neu-Isenburg
O: Obernburg
Of: Offenbach
R: Rückingen
S: Sprendlingen

0 5 10 15 20 km

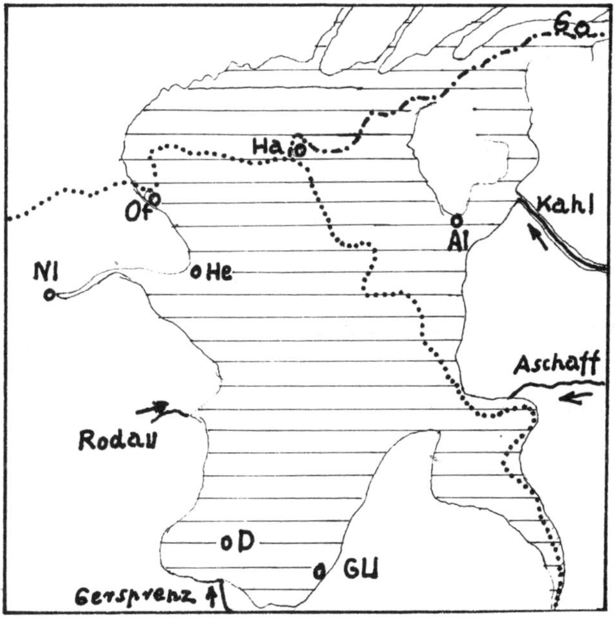

Skizze 44 Der See der viertletzten Kaltzeit

Der hier gezeichnete Umfang beruht zum Teil auf gesicherten Feststellungen und zum anderen auf wahrscheinlichen Ergänzungen, das gilt auch für die Skizzen 47 bis 50.

Der Geologe Scheer hatte die Größe des Sees auf über 500 Quadratkilometer geschätzt, womit er die Ausdehnung des Bodensees erreichte, der heute 538,5 Quadratkilometer groß ist.

Wenn die Skizze 44 zutrifft, kann die Seefläche sogar rund 600 qkm groß gewesen sein.

Die alteiszeitlichen Ablagerungen erreichen südlich von Hanau heute noch eine Mächtigkeit bis zu 30 m. Ihre Oberkante lag – nach dem späteren Abfluß des Sees – bei 140-142 m Höhe, während der Main in der Gegenwart bei Hanau in etwa 99 m Höhe dahinfließt.

In der nun folgenden Warmzeit ließ einmal die Zufuhr von Schutt nach und zum anderen vergrößerte sich die Gewalt der Wassermassen, deren Umfang durch das Schmelzen von Eis und Schnee erheblich zunahm. Dadurch gelang es dem Main, dem im Hanauer Becken angestauten See durch anfängliches Überlaufen und späteres Einschneiden wieder einen Abfluß an der alten Stelle der Isenburger Pforte zu verschaffen. Der Main und alle anderen Gewässer gelangten in ein tieferes Niveau. An ihren Ufern hinterließen sie dann schließlich eine höherliegende Terrasse.

In der Regel tieften sich die Gewässer in einer Warmzeit so stark ein, daß die bei der nächsten Kaltzeit erneute Zufuhr von Verwitterungsschutt das Niveau der alten Terrasse nicht mehr erreichen konnte. In der dann folgenden Warmzeit hinterließen sie beim abermaligen Eintiefen eine neue Terrasse, die etwas tiefer als die ältere Terrasse liegt.

Die älteste eiszeitliche Terrasse unseres Raumes entstand also mit dem Ablauf der viertletzen Kaltzeit, sie wird in der Literatur als T1 bezeichnet. Sie liegt am höchsten, und zwar ungefähr 30-40 m über dem heutigen Main, während alle nachfolgenden jüngeren Terrassen immer tiefer liegen.

Vor rund 335 000 Jahren begann dann eine neue Kaltzeit, die so stark war, daß das nordische Eis nunmehr ganz Norddeutschland bedeckte. Die Dicke der Eisschicht hat man für Westfalen auf etwa 500 m berechnet.

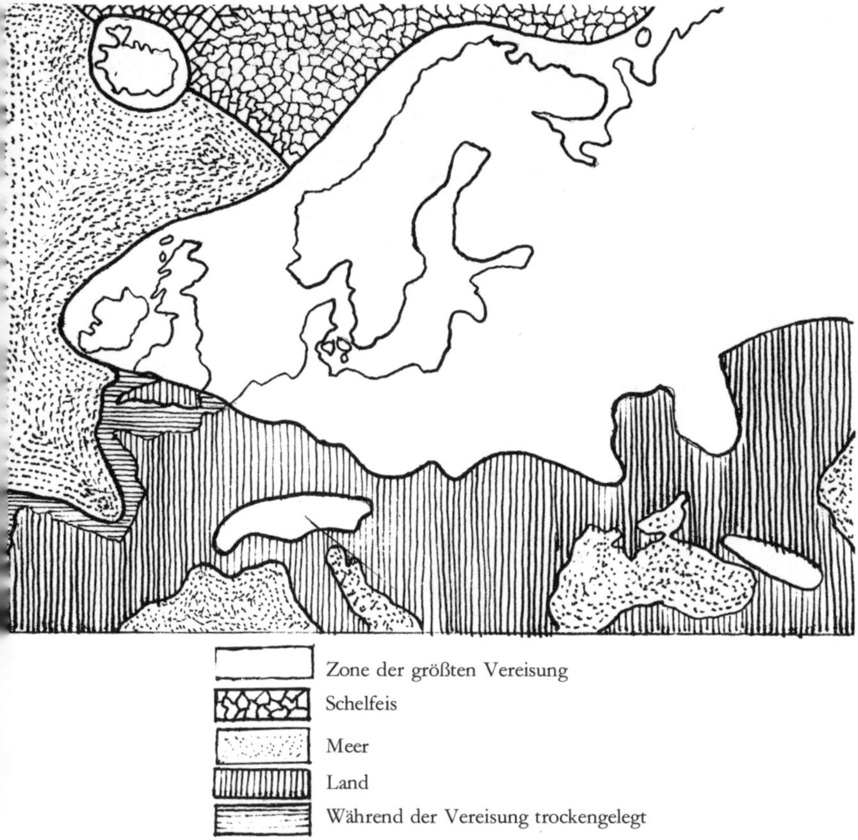

Skizze 45 Europa während der Elster-Mindel-Kaltzeit

Skizze 45 zeigt die ungefähre Verbreitung des Eises in Europa und Skizze 46 auf Seite 112 diejenige in Deutschland. Während in Skizze 45 die Eisflächen nicht schraffiert sind, wurden sie in Skizze 46 schraffiert, um die eisfreie Zone besser erkennen zu können.

Die Südgrenze des nordischen Eises lag im Norden unseres Gebietes bei Göttingen. Im Nordosten kam der Eisrand unserem Gebiet in der Gegend von Eisenach am nächsten. Eisenach ist von Schlüchtern rund 90 km entfernt.

Die Nordgrenze des Alpeneises erreichte etwa die Linie Augsburg-München. Sie war rund 250 km von Hanau entfernt.

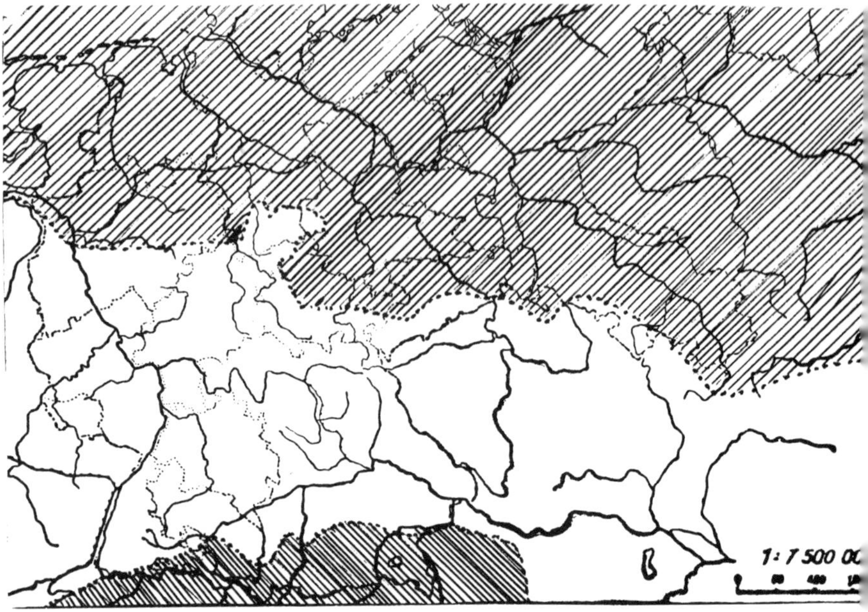

Skizze 46 Deutschland während der Elster-Mindel-Kaltzeit

Bei uns befand sich eine der Tundra Sibiriens ähnliche Steppe, die kaum Bäume und überhaupt nur geringen Pflanzenwuchs aufwies. Das subpolare Klima ließ nur wenige Niederschläge zu. Der Boden war schneebedeckt und tief gefroren. Bei Göttingen, am Rand des Eises, gefror er zeitweise bis zu 8,8 m Tiefe.

Diese erste gewaltige Eis- oder Kaltzeit heißt im Norden die Elster- und im Süden die Mindel-Kaltzeit. Sie lief in zwei Phasen ab und endete schließlich vor etwa 260 000 Jahren, wobei in unserem Gebiet als Folge der beiden kältesten Zeiten (Hochglaziale) die sich jedesmal wieder stärker eintiefenden Flüsse Main und Kinzig zwei weitere Terrassen, die Terrassen T2 und T3 hinterließen. Das zeigen die Skizzen 47 und 48.

Die T2 liegt 25-30 m über dem heutigen Mainspiegel und die T3 ungefähr 20-25 m. Die Lage der Terrasse T3 zeigt, daß der vorher bedeckte Steinheimer Basalt nunmehr als Insel herausragte und vom Fluß umlaufen wurde.

Skizze 47
Das Hanauer Becken nach
der Bildung der Terrasse T2

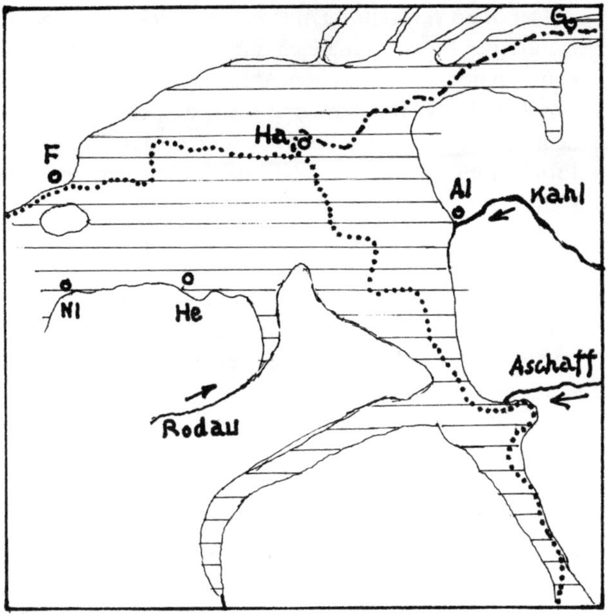

Al: Alzenau
D: Dieburg
F: Frankfurt
G: Gelnhausen
Ha: Hanau
He: Heusenstamm
NI: Neu-Isenburg

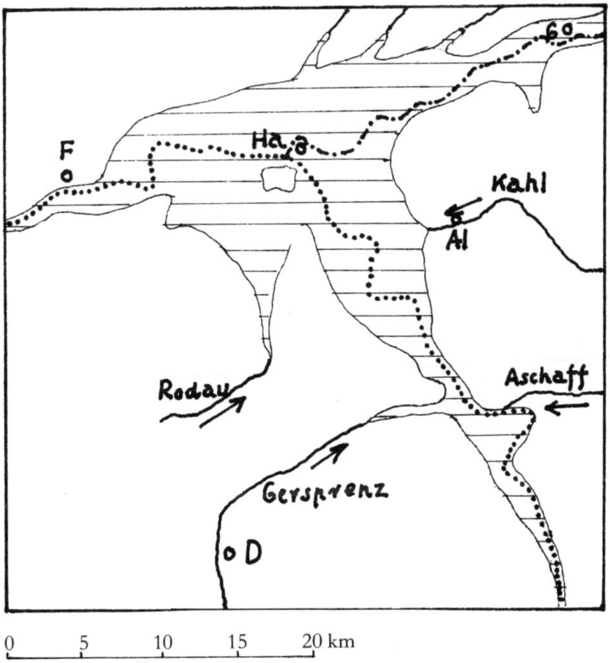

Skizze 48
Das Hanauer Becken nach
der Bildung der Terrasse T3

Der Main verbreiterte mit der Kraft der Schmelzwässer die Isenburger Pforte allmählich auf 4 km Breite und schuf sich daneben noch einen zweiten Abfluß aus dem Hanauer Becken nördlich des Sachsenhäuser Berges, den er zunächst in einer Schlinge umlief. Schließlich ließ der Main die Isenburger Pforte immer mehr links liegen und benutzte statt ihrer in steigendem Maße das nördliche Bett bei Frankfurt.

Da der Main vorher den Höhenzug des Sprendlinger Horstes bzw. der Hohen Straße auch hier durchstoßen mußte, erklärt sich daraus seine dort früher verhältnismäßig geringe Tiefe, die von den Franken als Furt genutzt werden konnte und den Namen der dort gegründeten Stadt Frankfurt am Main erklärt.

Ursprünglich hatte der Main die Sprendlinger Pforte zwischen Neu-Isenburg und Sprendlingen in einem schmalen Gelände-Streifen südöstlich von Neu-Isenburg passiert, der gegenwärtig eine Höhe von 132,5 bis 137,5 m NN hat, so daß seine Mitte 135 m hoch liegt. Damit liegt das Niveau des Ur-Mains heute 44 m höher als der Frankfurter Mainspiegel in 91 m Höhe. Der Main ist also mindestens 44 Meter gesunken! Die Entfernung zwischen dem heutigen Main und der früheren Sprendlinger Pforte beträgt 7,5 Kilometer.

Daß sich der Main neben der Isenburger Pforte noch einen zweiten Abfluß am Sachsenhäuser Berg verschaffen konnte, beruht darauf, daß er sicher nicht nur ein einziges Bett hatte. Er mußte sich vielmehr fortgesetzt neue Rinnen verschaffen, wenn er das alte Bett aufgefüllt hatte. Er pendelte dann in großen und kleinen Flußschlingen im weiten Bereich des Beckens umher, wobei er sich oft gabelte und in mehreren Betten floß. Dabei entstanden zahlreiche Altarme.

Der Main würde heute noch im Hanauer Becken umherpendeln, wenn man ihn nicht reguliert hätte.

Vor rund 200 000 Jahren trat abermals eine neue Eiszeit ihre Herrschaft an, die auch wieder in zwei Phasen ablief.

Im norddeutschen Raum nennt man sie die Saale- und in den Alpen die Riß-Kaltzeit. Bezüglich der Wirkung auf unseren Raum kam sie der vorhergegangenen Kaltzeit gleich, weil die Südgrenze des nordischen Eises in beiden Fällen fast den gleichen Verlauf hatte. Die neue Saale-Riß-Kaltzeit endete erst vor 140 000 Jahren.

Skizze 49
Das Hanauer Becken nach
[d]er Bildung der Terrasse T4

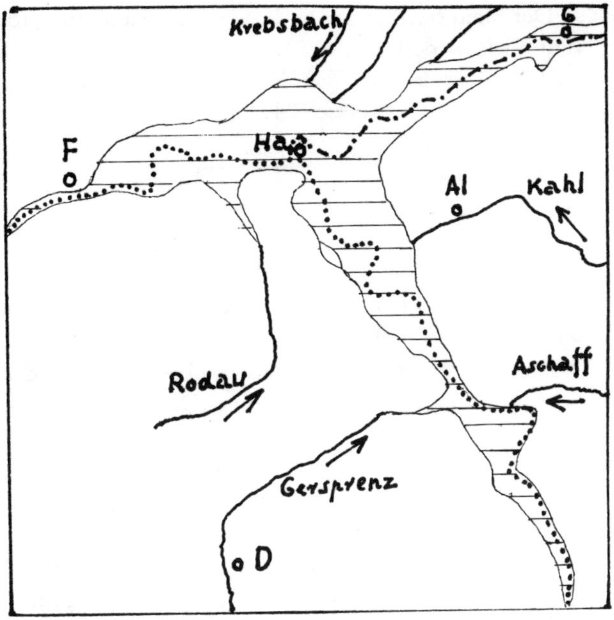

Al: Alzenau
D: Dieburg
F: Frankfurt
G: Gelnhausen
Ha: Hanau

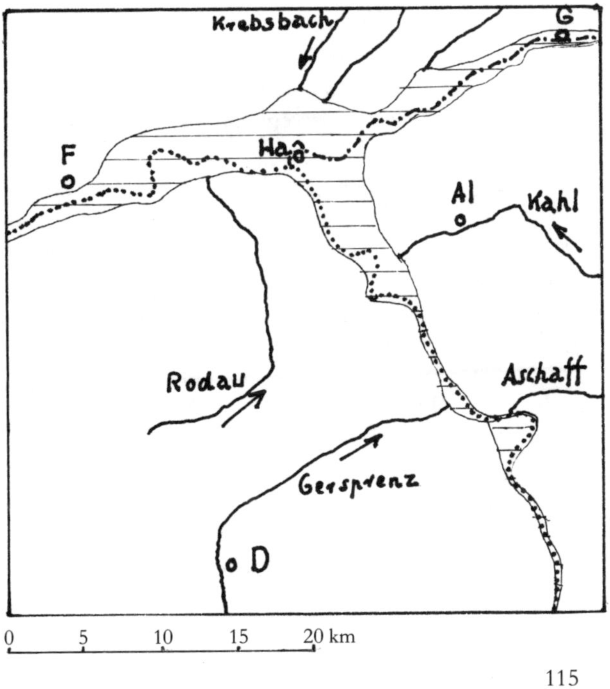

Skizze 50
Das Hanauer Becken nach
[d]er Bildung der Terrasse T5

Der Main setzte in ihr und danach die Eintiefung fort und hinterließ wiederum zwei Terrassen. Die Terrasse T4 liegt bis zu 15 m über dem heutigen Mainspiegel und die Terrasse T5 etwa 8-10 m. Die Skizzen 49 und 50 auf Seite 115 zeigen diese Terrassen.

Die Größe der vom Main beherrschten Fläche war erheblich zurückgegangen.

Vor etwa 75 000 Jahren begann dann die vorläufig letzte Kaltzeit, die man im Norden als Weichsel- und im Süden als Würm-Kaltzeit bezeichnet. Sie endete vor 12 000 Jahren, also um das Jahr 10 000 vor Christi Geburt.

Das Eis erreichte im Norden über der Ostsee seinen Scheitel in ungefähr 3000 m Höhe. Das war vor 35 000 bis 30 000 Jahren der Fall.

Im Süden erreichte das Eis in den Alpen seinen Höchststand vor 25 000 Jahren, und bis vor 18 000 Jahren war auch das Alpenvorland eisbedeckt.

Der Rand des nordischen Eises kam unserem Raum wiederum im Nordosten am nächsten, lag jedoch nunmehr 350 km von Schlüchtern entfernt in der Gegend von Berlin, so daß es sich schwächer auswirkte.

Die Weichsel-Würm-Kaltzeit hat in unserem Gebiet abermals zwei Terrassen entstehen lassen. Die T6 liegt 5,7 m über dem heutigen Mainspiegel und ist vor etwa 59 000 Jahren entstanden.

Gegenwärtig fließen der Main und auch die Kinzig noch überall im Niveau des allerletzten eiszeitlichen Schotterkörpers, in den sie sich seither nur mäßig eintiefen konnten und den sie bei Hochwasser auch immer noch fast vollständig überfluten. Die T7 liegt nur bis zu 3 m über dem Mainspiegel und ist wahrscheinlich vor 28 000 bis 29 000 Jahren entstanden.

In den während und nach der Weichsel-Würm-Kaltzeit gebildeten Terrassen hat man Reste von Bäumen und Tieren jener Zeit gefunden, deren Alter bestimmt werden konnte.

Zwei in der Mainebene gefundene Reste von Elefanten-Stoßzähnen haben ein Alter von rund 30 900 und 25 100 Jahren. Neben ihnen fand man auch Knochen vom Mammut, Rhinozeros, Ur und Rind.

Ein bei Langenselbold gefundenes Stück Holz hat ein Alter von rund 10 600 Jahren, ist also am Ende der Weichsel-Würm-Kaltzeit abgelagert worden.

Im Steinheimer Mainbogen fand man ein rund 8800 Jahre altes Stück Holz, das also schon dem Anfang der Warmzeit entstammt.

Die Gesamtzahl der eiszeitlichen Terrassen beträgt bei der Kinzig sieben. Im allgemeinen sind in ihrem mittleren Lauf nur 5 davon ausgeprägt worden, so wie das Skizze 51 in einem Idealprofil zeigt.

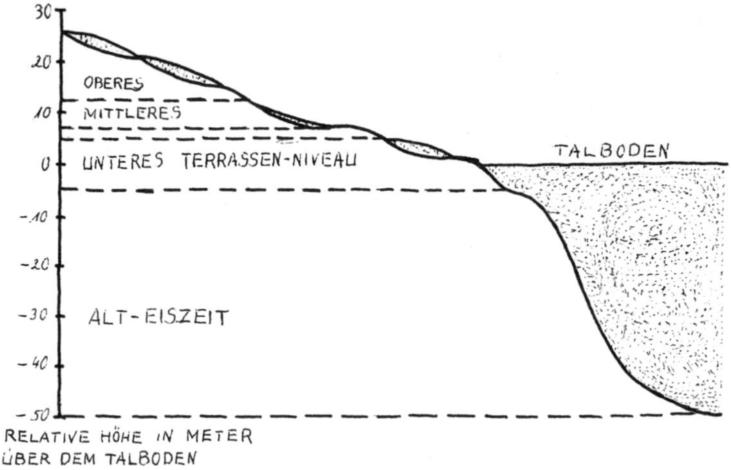

Skizze 51 Ideal-Profil der Kinzig-Terrassen

Rechts sieht man den in der Alteiszeit aufgeschütteten Talboden. Links oben befinden sich die 5 Terrassen. In der relativen Höhe Null fließt heute die Kinzig. Die 5 Kinzig-Terrassen entsprechen den Main-Terrassen T3 bis T7.

Im Oberlauf der Kinzig sind keine Spuren von Terrassen mehr vorhanden.

Bis zu 5 Terrassen hat man auch bei der Gründau, beim Krebsbach und Fallbach festgestellt, so daß der Schluß gerechtfertigt ist, daß sich diese vier Gewässer gleichartig entwickelt haben.

Dagegen hat die Sinn nur drei Terrassen, und bei den anderen Gewässern hat man keine Terrassen mehr feststellen können. Nur beim Main sind noch alle sieben vorhanden.

Nun ist das geologische Geschehen im Eiszeitalter nicht nur vom Wechsel der großen Kalt- und Warmzeiten geprägt worden, sondern auch durch die jahreszeitlichen Erscheinungen, denn sowohl in den eigentlichen Kaltzeiten als auch in den Warmzeiten hat es ja immer den Wechsel vom Frühjahr zum Sommer, Herbst und Winter gegeben, der auch heute noch das Gesicht der Landschaft verändert.

Es sind 5 Tatsachen, die das geologische Geschehen im Eiszeitalter im jahreszeitlichen Ablauf kennzeichnen:

1) Im Winter war der Boden schneebedeckt und gefroren, die Gewässer waren vereist.

2) In den Frühjahren wanderten die durch Frostverwitterung zertrümmerten Gesteine auf dem gefrorenen Boden talwärts, wobei sie schon bei der geringen Bodenneigung von 2° hinabrutschen konnten (Bodenfließen oder Solifluktion).

Durch das Bodenfließen der Gesteine entstanden in unserem Gebiet zahlreiche „Blockmeere". Das sind mit Basaltblöcken bedeckte Flächen. Sie finden sich fast an allen Gewässern des Vogelsbergs, wo sie teilweise die Uferhänge bilden. Als weiteres Beispiel sei das auf dem Landrücken gebildete Blockmeer am Heiligen Born bei Hutten in der Schlüchterner Gegend genannt.

3) In der wärmeren Jahreszeit wurden mit der Schneeschmelze immer große Wassermengen frei.

4) Die mit Schutt befrachteten Flüsse und Bäche lagerten diesen in den Tälern ab, wobei die Gewässer allmählich in eine höhere Lage gelangten.

5) Nach den jeweiligen Rückzügen des nordischen Eises in der wärmeren Jahreszeit gab dieses einen Gürtel von 10-30 km Breite frei, in dem die Gesteine z.T. zu Staub verwittert waren. Da dort Pflanzenwuchs fehlte, wurde der Staub getrocknet und durch die starken Fallwinde weit davongetragen, auch in unser Gebiet. Diesen Staub nennt man Löß. Er ist in unserem Gebiet überall niedergegangen. Vor allem das Hanauer Becken ist großflächig mit Löß und Flugsand bedeckt worden. Der Flugsand hat bis zu 3 m hohe Dünen entstehen lassen. Steine mit Windschliffen deuten auf starke

Sandstürme aus bestimmten Himmelsrichtungen hin. Der Löß ist heute z.T. entkalkt und verlehmt. Er gibt einen guten Boden ab, wodurch die Fruchtbarkeit der nordwestlich von Hanau beginnenden Wetterau verursacht ist. Zu Lehm verwitterter Löß lagert auch auf dem Höhenzug der Hohen Straße, wo er bis zu 10 m mächtig ist.

Auch im Schlüchterner Becken liegt teilweise Löß. 1 km nördlich vom Schlüchterner Stadtzentrum ist eine Terrasse, deren Rand aus Lößlehm besteht. In den Lößlehm hat sich der Mordgraben z.T. über 2 m tief eingeschnitten. Auch nördlich des am Freibad vorbeifließenden Hagerwassers liegt 2,5 m mächtiger Lößlehm.

Georg Wagner gab für die Durchschnittstemperatur der letzten Weichsel-Kaltzeit in Thüringen für den Sommer 4,2° und für den Winter −15,3° an. Das bedeutet gegenüber den heutigen Temperaturen 12-14° weniger.

Nimmt man für unser Gebiet, das ja eisfrei war, einen nur halb so großen Rückgang an, so hätte der Juli als wärmster Monat damals eine Durchschnittstemperatur gehabt, die der jetzigen Zeit Ende März/Anfang April entspricht. Ein solches Klima herrscht an der Südspitze Grönlands.

Die Skizze 52 zeigt die am Ende der letzten Eiszeit vorhandenen Altläufe des Mains und seiner Nebenflüsse.

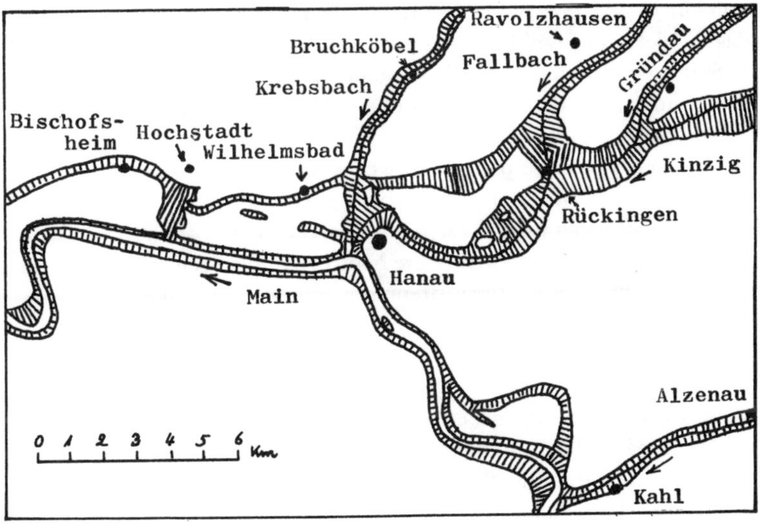

Skizze 52 Die Altläufe bei Hanau

Von der Mündung der Kahl in den Main an gab es früher einen östlichen Mainlauf, der bei Großauheim den gegenwärtigen Main erreichte.

Ein anderer Arm des Mains, der allerdings nur noch in Teilen feststellbar ist, begann in der Gegend der heutigen Kinzigmündung und erstreckte sich bis in die Gegend südlich von Hochstadt. Im Döngeswald ist sein Lauf noch heute als sumpfige Zone erkennbar.

Dieser Main-Arm setzte sich über Bischofsheim nach Westen fort. Er floß am Südhang der Hohen Straße durch das Tal des heutigen Riedbachs über Enkheim nach Seckbach und über Bornheim zum Frankfurter Ostpark, wo er sich in zwei Äste gabelte.

Der eine Arm lief nach Süden dem heutigen Main zu, während der andere das ganze Frankfurter Stadtgebiet nach Westen durchzog.

Die Kinzig floß wahrscheinlich noch in der Weichsel-Würm-Kaltzeit von Rückingen an nach Nordwesten und nicht, wie heute, nach Süden. Schließlich mündete die Kinzig mit ihren Nebenbächen bei Hochstadt in den Main.

Falls der Main nicht dort, sondern wie heute etwas weiter südlich bei Dörnigheim geflossen ist, bestand auch die Möglichkeit, daß die Kinzig parallel zum Main selbständig von Hochstadt über Bischofsheim, Enkheim und Seckbach in das Gebiet von Frankfurt weitergeflossen ist.

Skizze 53 zeigt die dort sicher erkannten Altläufe (ausgezogene Linien) und die zum Teil nur vermuteten Fortsetzungen (gestrichelte Linien).

Die Kinzig könnte danach entweder westlich des Osthafens (OH) den Main erreicht haben, oder aber durch das heutige Stadtgebiet nach Westen nördlich des Hauptbahnhofs (HB) weiterfließend in die größere Nidda gemündet sein, und zwar im Gebiet des heutigen Brentanoparks (BP), der sich in der östlichen Gabel zwischen Nidda und dem Altlauf befindet.

Später hat dann die Kinzig bei Rückingen ihren alten Lauf nach Nordwesten aufgegeben, um nunmehr in südwestlicher Richtung nach Hanau zu fließen. Jedenfalls deutet des Fehlen von alten Schottern in dem gegenwärtigen Kinzigbett von Rückingen bis Hanau auf sein jüngeres Alter hin. Zur

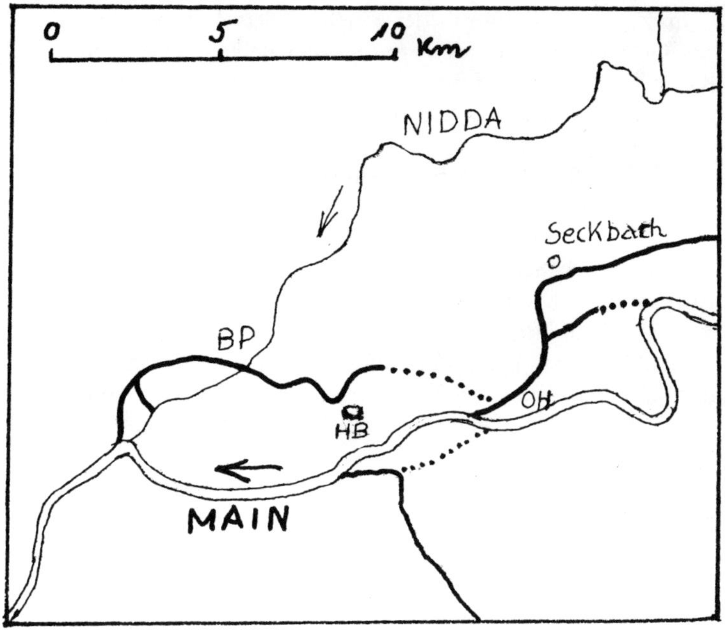

Skizze 53 Die Frankfurter Altläufe

Umlenkung der Kinzig könnte auch eine Absenkung des Hanauer Beckens westlich von Rückingen beigetragen haben, worauf später noch eingegangen wird.

Man kann übrigens die vom Main herangeschafften Schotter von denen der Kinzig durch den Gehalt an schwarzem Kieselschiefer unterscheiden, er stammt aus dem Fichtelgebirge, und die Kinzig führt ihn nicht.

Die zum Teil recht breiten Flußbetten der Altläufe um Hanau deuten auf ein hier nur noch sehr geringes Gefälle hin, das den Gewässern ein Hin- und Herpendeln leicht machte.

Noch während der letzten Kaltzeit, vor rund 20 000 Jahren, begann die Verlandung aller Altläufe, und erst nach dem Ende der letzten Weichsel-Würm-Kaltzeit fanden die Verlandungen ihren Abschluß.

Im Zusammenhang mit der zunehmenden Austrocknung des Geländes wurde an ursprünglich feuchten Stellen im Rasen hier und da Raseneisenstein oder Brauneisenstein gebildet. Er wurde aus eisenhaltigen Wässern abgesetzt. In der Hanauer Gegend ist er später bei Oberissigheim und auf der Günterberghöhe abgebaut worden, ebenso bei Niederrodenbach und in der Bulau.

Die Kinzig hat also während der Erdgeschichte mehrere Mündungen gehabt. An der Wende vom Tertiär zum Eiszeitalter mündete sie wahrscheinlich bei Heusenstamm in den Ur-Main. Im Laufe des Eiszeitalters mündete sie vielleicht einmal beim Frankfurter Brentano-Park in die Nidda, ein andermal beim Frankfurter Osthafen in den Main, und auch bei Dörnigheim hat sie sich zeitweise mit dem Main vereinigt, was heute in Hanau geschieht.

Es sei noch erwähnt, daß im Eiszeitalter in unserem Raum erstmalig auch der Mensch aufgetreten ist. Man fand an zahlreichen Stellen vom Menschen bearbeitete Geräte aus Stein, die z.T. aus heimischem Basalt und Quarzit und teilweise auch aus von benachbarten Gebieten herangeschafftem Material bestehen. Die ältesten stammen wahrscheinlich aus einer der Warmzeiten zwischen den verschiedenen Kaltzeiten der Elster-Mindel-Eiszeit. Damit liegt das erste Auftreten des Menschen in unserem Raum mindestens 200 000 Jahre zurück.

Zusammen mit künstlich bearbeiteten Quarziten hat man in Gelnhausen im Kasernengelände in 4 m Tiefe auch das Bruchstück des Beckens eines Mammuts gefunden. Das Mammut hat während der Eiszeit in unserer Gegend gelebt. Das geht auch daraus hervor, daß man 10 km nördlich von Hanau bei Ostheim Bruchstücke von Stoßzähnen des Mammuts ausgegraben hat.

Die Gegenwart

Die letzten Ausklänge der jüngsten Kaltzeit liegen nur etwa 10 000 Jahre zurück.

In der bis zur Gegenwart andauernden Nacheiszeit ist das Klima jedoch auch noch vom Wechsel zwischen kälteren und wärmeren Abschnitten geprägt worden.

Es steht fest, daß die Kinzig im frühen Mittelalter von Hanau bis Gelnhausen schiffbar gewesen ist. Gelnhausen wird in der ersten Hälfte des 12. Jahrhunderts erstmals erwähnt. Die Zeit der Gründung fällt in die Epoche des „Mittelalterlichen Optimums“. Die Jahresmitteltemperaturen lagen in Europa damals 1 bis 1,5°C höher als heute, was u.a. auch den Weinanbau begünstigte. Diese Epoche begann etwa um 700 n.Chr. und war zunächst niederschlagsarm. In der zweiten Hälfte der Epoche, die bis etwa 1300 gedauert hat, wurde das Klima jedoch niederschlagsreich, so daß die Kinzig viel Wasser geführt und die Schiffahrt von Hanau bis Gelnhausen ermöglicht hat. Der damals sicher teilweise begradigte Kinziglauf hatte von Hanau bis Gelnhausen schätzungsweise 27 bis 28 Kilometer Länge.

Um 1300 herum kam es dann zu einer Klima-Wende, eine starke Abkühlung leitete zu der um 1550 beginnenden „Kleinen Eiszeit“ über. Die Zeit der Klima-Wende von 1300 bis 1550 war aber immer noch niederschlagsreich, so daß die Kinzig bis dahin auch weiterhin schiffbar geblieben ist. Das änderte sich erst in der um 1550 einsetzenden „Kleinen Eiszeit“, die etwa 150 Jahre bis zum Jahre 1700 gedauert hat. Die Jahresmitteltemperatur lag in Europa etwa 1° tiefer als heute, außerdem nahm die Trockenheit immer mehr zu, so daß gegen Ende der kleinen Eiszeit die Niederschläge nur noch gering waren und die Kinzig nicht mehr schiffbar war.

Historische Zeugnisse darüber, wie der Schiffsverkehr auf der Kinzig vor sich gegangen ist, sind leider nicht mehr vorhanden. Wahrscheinlich hat man flußaufwärts kleinere Boote vom Ufer aus mit Schleppseilen gezogen. Dies „Treideln“ konnte durch Menschen und vielleicht auch durch Pferde bewerkstelligt werden. Flußabwärts hat man die Boote wohl gerudert.

Es ist anzunehmen, daß man flußabwärts in einem Tag von Gelnhausen nach Hanau gelangen konnte, während man flußaufwärts wohl zwei Tage gebraucht hat. Als Raststätten boten sich Rückingen und Langenselbold an. Bei Langenselbold wird noch heute in den Landkarten eine Flur an der Kinzig als „Landestelle" bezeichnet.

Ein einziger historischer Hinweis auf die reichlichere Wasserführung der Gewässer um Hanau ist die Tatsache, daß noch im 30-jährigen Krieg Truppen von Frankfurt am Main aus in die Gegend von Dörnigheim und Hochstadt mit Kähnen transportiert worden sind. Dieser Hinweis betrifft freilich nicht die Kinzig, sondern die Täler des Riedgrabens und des Braubachs, deren Lauf in früherer Zeit auch einmal die Kinzig gefolgt ist.

Die Gegenwart ist durch ein Klima gekennzeichnet, das einen reichen Bodenbewuchs ermöglicht, der die Verwitterung und Abtragung der Gesteine stark zurückdrängt.

Die größten Veränderungen in der Natur werden in der Gegenwart – außer vom Menschen – durch die fließenden Gewässer bewirkt, weil sie durch den immerwährenden Abtransport von Sand, Lehm und Steinen die Höhenunterschiede allmählich verringern. Deshalb soll nun das gegenwärtige Netz der Gewässer in unserem Raum kurz betrachtet werden. Es ist in Skizze 54 dargestellt worden.

Die Kinzig entspringt südlich von Sterbfritz im Röt des oberen Buntsandsteins. Ihre höchste Quelle liegt bei 405 m. Ihre Mündung in den Main liegt 99 m hoch, so daß die Kinzig von der Quelle bis zur Mündung 306 m an Höhe verliert. Da ihre Lauflänge gegenwärtig fast 81 km beträgt, hat sie ein durchschnittliches Gefälle von 3,8 Promille.

Ihre Lauflänge war früher größer, sie belief sich 1889 noch auf rund 92 km, hat also seitdem um rund 11 Kilometer bzw. 12 % abgenommen, und zwar durch die vom Menschen vorgenommenen Begradigungen. Vor ihnen betrug das Gefälle nur 3,4 Promille.

Das Gefälle der Kinzig ist jetzt mit 3,8 Promille ziemlich groß. Während die nach Norden sich wendenden Flüsse Fliede und Fulda erst nach über 200 Flußkilometern bei Hannoversch-Münden die Höhe 115 m erreichen, durchfließt die nach Südwesten entwässernde Kinzig das 115 m-Niveau

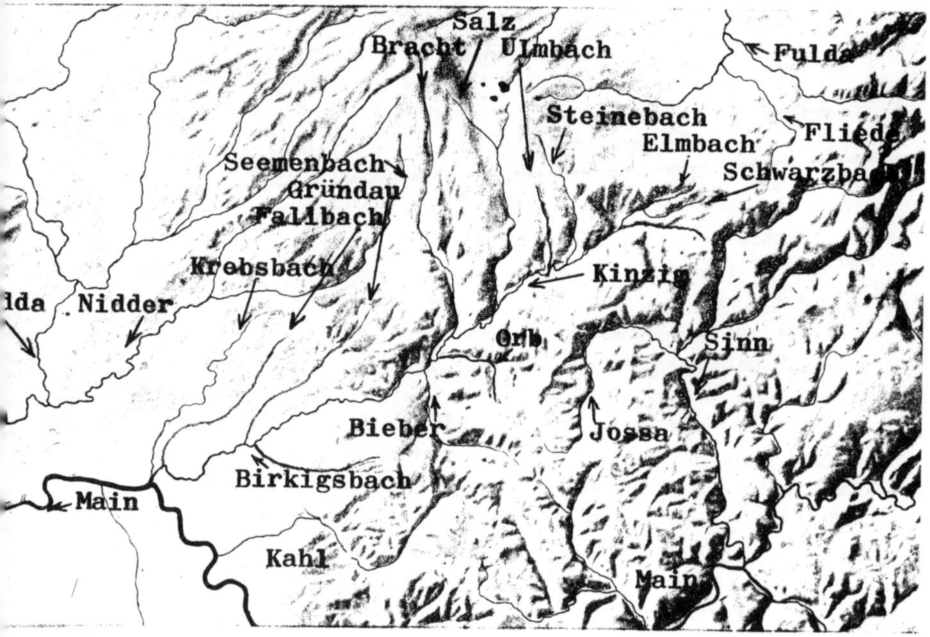

Skizze 54 Das gegenwärtige Netz der Gewässer

bereits nach 65 Flußkilometern bei Langenselbold. Ihr Gefälle ist bis dahin rund dreimal größer als das der Fulda.

Das Kinziggefälle ist heute ausgeglichen. Es beginnt auf den ersten 1000 Metern bis Sterbfritz mit 36 Promille und geht auf den nächsten 3 Flußkilometern bis Sannerz auf 20 Promille zurück. Auf den folgenden 4 Kilometern über Vollmerz bis zur Gerlingsmühle beträgt das Gefälle 18 Promille, und es sinkt auf den nächsten 9 Kilometern über Herolz, Schlüchtern und Niederzell bis halbwegs nach Steinau auf 7 Promille. Von dort über Steinau, Bad Soden-Salmünster und Aufenau bis Wächtersbach sind es 19 Flußkilometer mit nur noch 2 Promille Gefälle. Auf den letzten 45 Flußkilometern von Wächtersbach bis Hanau endet das Kinziggefälle mit 0,9 Promille.

Der Einzugsbereich der Kinzig mit all ihren Zuflüssen erstreckt sich auf 1052,55 Quadratkilometer.

Von den auf dies Gebiet fallenden Niederschlägen verdunstet ein großer Teil. Örtlich ist das verschieden, in Hanau sind es etwa 83 %, in Gelnhausen 66 % und in Schlüchtern nur 55 %. Infolgedessen fließt nur ein Teil des Niederschlags oberirdisch ab. In Schlüchtern sind es 11,6 Liter je Sekunde und Quadratkilometer, in Gelnhausen 7,97 und in Hanau 3,07. Multipliziert man die Hanauer Zahl mit der Größe des Einzugsgebietes der Kinzig von rund 1053 km^2, so erhält man als mittlere Wasserspende an der Mündung 3231 Liter oder 3,231 Kubikmeter in der Sekunde. Das sind rund 280 000 Kubikmeter an einem Tag.

Bei der angegebenen Wassermenge handelt es sich um einen Durchschnitttswert. Die Schwankungen in der Wasserführung sind bei allen Flüssen sehr groß. Geht man von der mittleren, also durchschnittlichen Wasserführung(MQ) aus, so kann sie bei der Kinzig bei Niedrigwasser (NQ) auf die Hälfte und bei Niedrigstwasser (NNQ) – nach einer langen Trockenperiode – sogar auf ein Siebentel zurückgehen, während sie bei Hochwasser (HQ) auf das 50-fache ansteigen kann. Die Differenz vom Niedrigstwasser zum Hochwasser reicht damit bei der Kinzig bis zum 375-fachen.

Bei dem Einzugsbereich der Kinzig, der hier mit rund 1053 km^2 zugrundegelegt worden ist, handelt es sich um die an der Erdoberfläche liegende Fläche. Es ist durchaus nicht selbstverständlich, daß sie mit dem unterirdischen Einzugsbereich übereinstimmt. Im Falle der Kinzig ist dieser sicher größer, denn die nach Südwesten gehenden Fließwege der Neuhofer Sole bezeugen ein Gefälle, das von Neuhof unter dem Landrücken hinweg in den Schlüchterner Raum hineinreicht. Der unterirdische Einzugsbereich der Kinzig geht demgemäß über die oberirdische Wasserscheide des Landrückens zwischen Main und Weser noch ein Stück nach Norden hinaus. Infolgedessen können die für die Kinzig anfallenden Wassermengen etwas größer als die oben berechneten sein.

Die Kinzigwasser fließen in den Main. Sein Einzugsgebiet bis Hanau ist mit 23 420 km^2 etwa 22-mal größer als das der Kinzig, wobei deren Einzugsgebiet noch nicht mitgerechnet ist. Deshalb führt der Main vor der Mündung der Kinzig auch eine rund 22-mal größere Wassermenge. Sein Gefälle bei Hanau beträgt mit 0,3 Promille nur etwa ein Drittel des Gefälles der Kinzig auf ihrem letzten 45 km langen Abschnitt. Der Main mündet dann nach rund 55 Flußkilometern bei Mainz in den Rhein.

Die Kinzig hat ein teilweise unsymmetrisches Einzugsgebiet. Es ist in Skizze 55 dargestellt.

Das auf ihrer rechten Seite liegende Einzugsgebiet ist größer als das links liegende. Der Vogelsberg entwässert stärker in die Kinzig als der Spessart.

Die Kinzig besitzt auf ihrer rechten Seite acht größere Zuflüsse, es sind der Elmbach (mit dem Schwarzbach), Steinebach, Ulmbach, die Salz, Bracht, Gründau, der Fallbach und Krebsbach, dagegen auf der linken Seite nur drei, die Orb, Bieber und den Birkigsbach (mit dem Krötenbach).

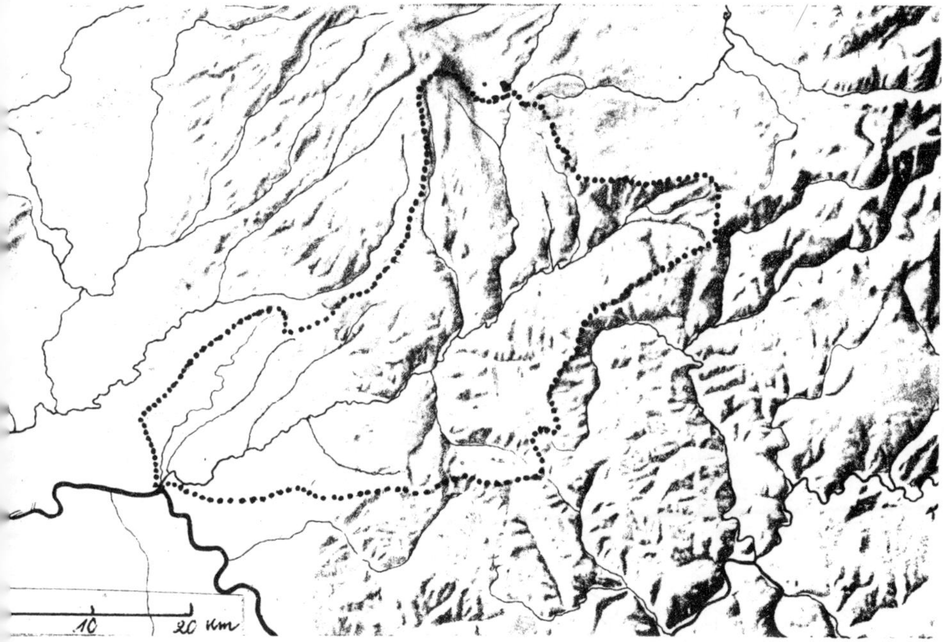

Skizze 55 Das Einzugsgebiet der Kinzig

Dementsprechend reicht die Wasserscheide zwischen der Kinzig und der Sinn im Spessart zum Teil nahe an die Kinzig heran, während die Wasserscheide im Vogelsberg zwischen der Kinzig und allen anderen Flüssen sich teilweise sehr weit von ihr entfernt.

Wer sich über die größeren Zuflüsse der Kinzig im einzelnen unterrichten möchte, findet in einer Tabelle im Anhang die wichtigsten Angaben. Die Quellen der Kinzig-Zuflüsse liegen in Höhen von 203 bis 600 m, wobei die Quelle der Salz mit 600 m die höchste ist.

Die Höhenunterschiede bis zu ihren Mündungen in die Kinzig erstrecken sich von 100 bis zu 453 m.

Der Elmbach hat mit 9 km die geringste Länge und die Bracht mit 29,5 km die größte.

Beim Gefälle steht der Elmbach mit 30 Promille dagegen an der Spitze, ihm folgen der Ulmbach mit 19,8 und die Orb mit 18,2 Promille.

Legt man das Einzugsgebiet der Kinzigzuflüsse zugrunde, so steht die Bracht mit 118 km^2 an erster Stelle, danach die Gründau mit 96 km^2 und die Salz mit 90 km^2.

Die Skizze 56 stellt schematisch die mittleren Wasserspenden der Kinzig und ihrer Zuflüsse dar.

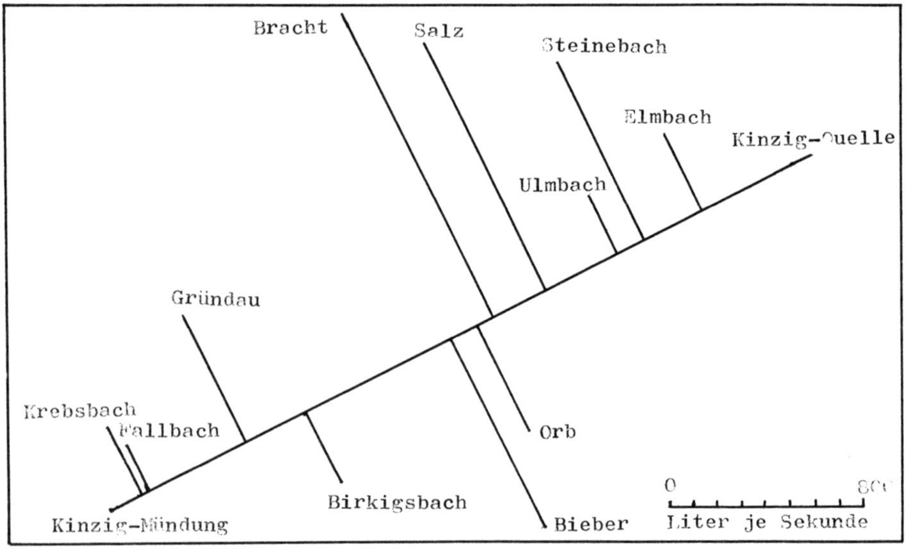

Skizze 56 Die mittleren Wasserspenden der Kinzig und ihrer Zuflüsse

Für die Wasserführung ist in erster Linie die Größe des Einzugsgebietes maßgebend. In zweiter Linie hängt sie jedoch auch vom Gefälle ab. Darüber hinaus wirken u.a. auch noch die Art des Bodens, sein Bewuchs, sein Relief sowie die Orientierung der Hänge mit. Die in der drittletzten Spalte in der Tabelle im Anhang angegebene mittlere Wasserspende an der Mündung je Flächeneinheit ist der Literatur entnommen. Damit sind durch Malnehmen mit der Flächengröße des Einzugsgebiets die in der vorletzten Spalte verzeichneten Werte für die mittlere Wasserspende in Liter je Sekunde errechnet worden. Sie brauchen wegen der Vielfalt der mitwirkenden Faktoren nicht ganz mit den tatsächlichen Werten übereinstimmen, kommen ihnen bis auf eine Genauigkeit von etwa 10 % aber wahrscheinlich sehr nahe, so daß sie für einen Vergleich der Gewässer untereinander eine hinreichende Grundlage abgeben.

An ihrer Mündung in die Kinzig gibt die Bracht mit rund 1400 l/s die größte Wassermenge ab, sie ist der stärkste Zufluß der Kinzig. Ihr folgen die Salz mit rund 1100 l/s und die Bieber mit 870 l/s. An vierter Stelle steht der Steinebach mit rund 810 l/s und an fünfter die Gründau mit etwa 600 l/s. Die Orb nimmt mit rund 500 l/s die Mittelstellung unter den elf größeren Kinzig-Zuflüssen ein. Zwischen 400 und 300 l/s spenden der Elmbach, Birkigsbach und Krebsbach. Den Schluß bilden mit Wasserspenden zwischen 300 und 200 l/s der Ulmbach und der Fallbach.

Die hier aufgeführten elf größeren Kinzigzuflüsse tragen rund 7 Zehntel zur Wasserführung der Kinzig bei, während die nicht genannten kleineren Zuflüsse die restlichen 3 Zehntel spenden.

Westlich des Einzugsgebietes der Kinzig grenzt daran das des Seemenbachs, der zusammen mit dem sehr viel kleineren Wolfsbach eine Wasserspende von rund 900 l/s aufbringt, womit er etwa die gleiche Stärke wie die Bieber hat. Er bringt sie in die Nidder ein, die in die Nidda fließt, die dann bei Höchst in den Main mündet.

Im Osten grenzt die Jossa mit ihrem sehr großen Einzugsgebiet von 148 km^2 an das der Kinzig. Ihre Wasserspende an die Sinn übertrifft mit rund 1550 l/s die Wasserspende des stärksten Kinzigzuflusses, der Bracht.

Ebenso spendet die Sinn bei ihrer Mündung in die fränkische Saale mit rund 3300 l/s etwas mehr an Wasser als die Kinzig. Die fränkische Saale mündet nach einem Fließweg von etwa 700 Meter bei Gemünden in den Main.

Die südöstlich von Hanau einen Teil des Spessarts entwässernde Kahl ist mit ihrer Wasserspende von rund 1200 l/s nur etwas stärker als die Salz.

Damit sind auch die wichtigsten Gewässer-Nachbarn der Kinzig in unserem Raum genannt worden.

Alle fließenden Gewässer üben auch in der Gegenwart ihre erodierende Tätigkeit sowohl in der Tiefe als auch nach rückwärts in ihren Quellbereich ständig weiter aus.

In den Tälern der Bäche und Flüsse setzt sich der nach Regenfällen hineingespülte Lehm ab und schichtet sich bei Überschwemmungen auch als Auenlehm an den Ufern auf. Seine Mächtigkeit beträgt in unserem Raum 2–4 m. An den Bachmündungen entstehen fächerförmige Schwemmkegel.

Die in der Eiszeit aufgetretene Bildung von Flußschlingen des Mains, in geringerem Maß auch der Kinzig, ist durch Eindämmen und Begradigen sowie Uferbefestigungen zum Stillstand gekommen. Die den Lauf des Mains im Flußbett einstmals behindernden Basaltfelsen sind gesprengt worden. So wie hier hat der Mensch an zahlreichen Stellen Eingriffe in die Natur vorgenommen. Bei den Flüssen und Bächen gehören die vielerorts angelegten Mühlgräben ebenso dazu wie die mehrfach durchgeführten Verlegungen von Bachbetten.

Besonders zahlreich sind die in der Umgebung von Hanau am Netz der Gewässer vorgenommenen Veränderungen.

Die Skizze 57 zeigt den Zustand der Gewässer, wie er wahrscheinlich ursprünglich war und bis auf eine Ausnahme noch um die Mitte des 18. Jahrhunderts bestanden hat.

Der Braubach und der Salisbach waren selbständige Bäche mit Quellen in der Gegend von Wachenbuchen und Mittelbuchen. Der Krebsbach und der Fallbach hatten noch keine Verbindung miteinander. Der Fallbach hatte südlich von Ravolzhausen noch keine Abzweigung.

Die Skizze 58 auf Seite 147 zeigt den gegenwärtigen Zustand der Gewässer um Hanau. Die gestrichelt gezeichneten Läufe sind künstlich geschaffen worden.

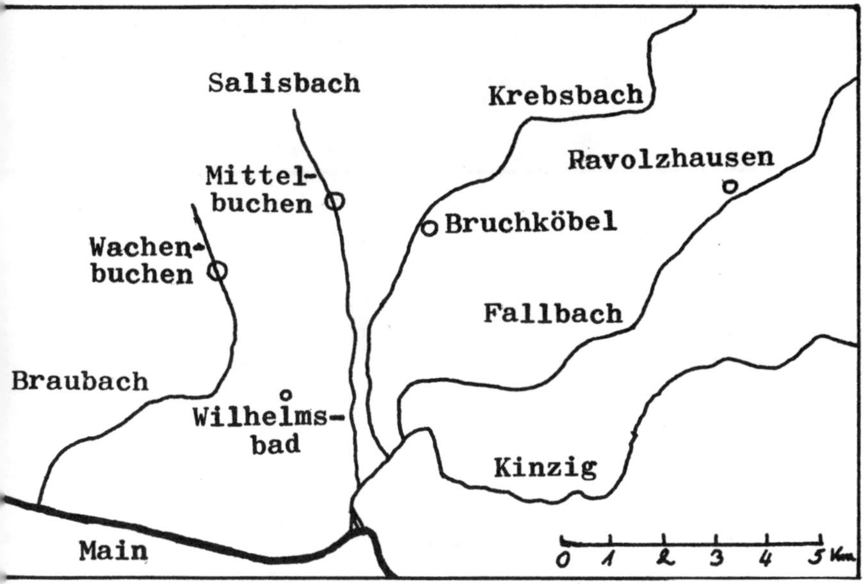

Skizze 57 Der ursprüngliche Zustand der Gewässer bei Hanau

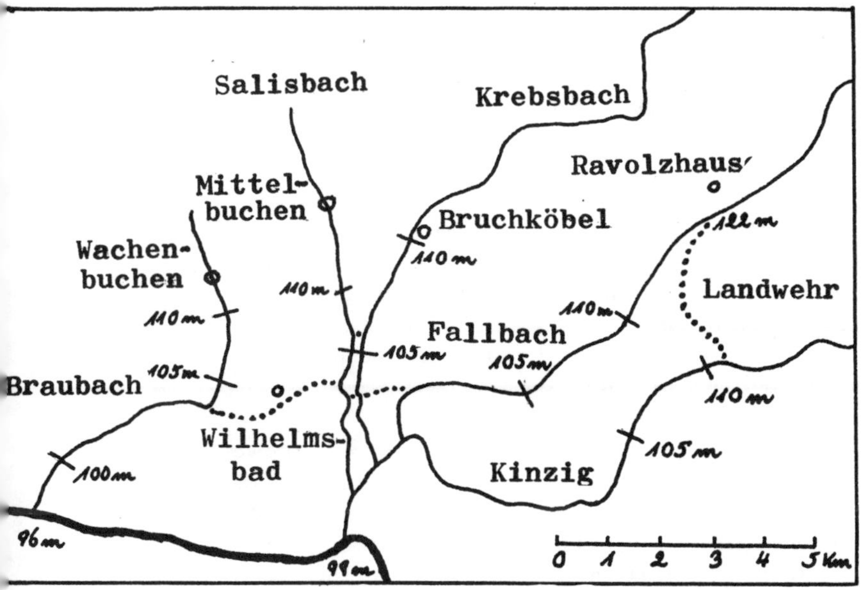

Skizze 58 Der gegenwärtige Zustand der Gewässer bei Hanau

Südlich von Ravolzhausen schuf man eine Abzweigung des Fallbachs, die als Landwehr nach Süden in die Kinzig fließt. Sie ist zur Verteidigung vielleicht schon im Mittelalter angelegt worden.

Als man gegen Ende des 18. Jahrhunderts das Wilhelmsbad ausgebaut hatte, wollte man im Kurbad den Gästen auch das Rudern auf den Gewässern des Parks ermöglichen. Da das vorhandene Wasser nicht ausreichte, wurden mehrere künstliche Verbindungen zwischen dem Fallbach, Krebsbach, Salisbach und Braubach geschaffen. Da das Gefälle all dieser Bäche im Hanauer Raum sehr gering ist, bereitete das keine Schwierigkeiten. Die künstlichen Verbindungen folgen Spuren der Eiszeit, wo sie – wie oben ausgeführt – alle schon einmal bestanden haben.

Ein solches Gewässernetz nennt man heute unregelmäßig. Das bedeutet, daß sich die Bäche gabeln und dann teilweise vereinigen (Bifurkation). Die Wasserscheiden im Hanauer Raum kann man mit bloßem Auge nicht erkennen.

Der in Skizze 57 zwischen dem Salisbach und dem Fallbach noch sichtbare Unterlauf des Krebsbachs besteht in dieser Form heute nicht mehr. Wegen der Bebauung des von ihm durchflossenen Stadtgebietes ist sein alter Lauf hier unterirdisch kanalisiert worden und seine oberirdischen Wässer münden heute unweit der Gronauer Straße in den Fallbach. Die Stelle der alten Mündung des Krebsbachs in die Kinzig ist unweit der zur Frankfurter Landstraße führenden großen Kinzigbrücke etwa 50 m kinzigaufwärts noch zu erkennen.

An anderen Stellen hat es der Mensch jedoch schwer, die Naturkräfte zu meistern.

Z.B. treten in der Schlüchterner Gegend mit ihren relativ großen Höhenunterschieden bedeutende geologische Veränderungen auf, es sind die Rutschungen. Sie haben dem Eisenbahn- und Straßenbau große Schwierigkeiten bereitet und tun es auch heute noch.

Beim Schlüchterner Bahnhof verschiebt der von Nordwesten kommende Gesteinsdruck des Vogelsbergbasalts die Gleise in jedem Jahr um 2–2,5 cm nach Südosten. An der Eisenbahnstrecke Schlüchtern-Elm nordnordwestlich vom Hof Reith rücken die Gleise jährlich um 3–5 cm auf den Hof Reith zu.

Das sind zwei Beispiele für Rutschungen in diesem Gebiet. Sie sind einmal durch den Druck der Basaltberge bedingt, werden aber erst durch im tieferen Untergrund schrägliegende Tonschichten ermöglicht, auf denen die Gesteine der Erdoberfläche hinabrutschen können. Die besonders nach Regenfällen in den lockeren Boden einsickernden Wässer weichen diesen auf und werden dann erst von den wasserundurchlässigen Tonschichten, z.B. dem Röt des oberen Buntsandsteins, zum Weiterfließen gezwungen.

Da der Muschelkalk auf dem tonigen Röt liegt, ist die Wahrscheinlichkeit für ein Abrutschen des Muschelkalks sehr groß. Solche Rutschungen sind in der Schlüchterner Gegend an vielen Stellen erfolgt. Oberhalb des Bahnhofs Elm ist eine 250 m lange und 600 m breite Muschelkalkscholle aus 360–370 m Höhe bis auf etwa 310 m Höhe abgesunken, wobei sie einen etwa 275 m langen Weg zurückgelegt hat. Die Scholle ist ungefähr 30 m mächtig.

Eine andere, rund 40 m mächtige Scholle ist aus 370 m Höhe auf einem etwa 200 m langen Weg bis auf 350 m abgesunken. Diese befand sich am Nordhang des Ahlersbacher Weinbergs und ist rund 300 m breit und 400 m lang.

Vielleicht ist das Abrutschen dieser beiden Schollen durch die Bildung des Schlüchterner Beckens begünstigt worden, denn beide wurden zum Innenraum des Beckens hin bewegt.

Auf einer dritten, kleineren Muschelkalkscholle steht heute das Hofgut Ahlersbach. Sie ist aus 350 m Höhe um 45 m auf 305 m Höhe abgesunken und ist etwa 25 m dick. Sie ist annähernd kreisrund mit einem Durchmesser von etwa 80 m. Die Abrißstelle ist am südwestlich davon liegenden bewaldeten Muschelkalkhang in etwa 150 m Entfernung noch gut zu erkennen. Diese Scholle ist allerdings wahrscheinlich schon in der Eiszeit, und zwar in einer der wasserreichen Warmzeiten abgesunken, und nicht erst in der Gegenwart. Darauf kann man schließen, weil ihre Sohle 10–15 m über der heutigen Talaue des Ahlersbachs liegt, in die sich dieser erst in der Gegenwart so weit eingetieft hat.

Bei Hohenzell, Niederzell und Schlüchtern findet man an einigen Hängen Wiesen mit buckelartigen Wülsten. Sie entstanden beim Abgleiten der Erdschichten auf unebenem tonigem Untergrund.

Wo der Basalt auf schrägliegenden Schichten von tertiären Sand- und Tongesteinen liegt, kann es in wasserreichen Jahren ebenfalls zu Rutschungen kommen. Am südlichen Vogelsberg gibt es zur Zeit zwei Stellen mit markantem Abgleiten von Basalt-Schollen.

Bei Udenhain drückt der auf tertiären Tonschichten lagernde Basalt eine Scholle zu den Tälern der Bracht und des Reichenbachs hin. Es entstanden dort im Winter 1981/82 mehrere hundert Meter lange, bis zu vier Meter breite und eineinhalb Meter tiefe Erdspalten.

Viel größer sind die Rutschungen auf der anderen, westlichen Seite des Reichenbachs. Hier ist eine 800 mal 800 Meter große Basaltscholle in Bewegung, die 18 Meter dick und in sich relativ stabil ist. Die Rutschungen haben im Winter 1981/82 die Birstein und Brachttal verbindende Bundesstraße um 20 cm absinken lassen. An der Oberkante der riesigen Scholle ist an der Abriß-Stelle ein 40 bis 70 Meter breiter und bis zu 5 Meter tiefer Graben entstanden. Wahrscheinlich ist diese Scholle schon während der letzten Eiszeit oder zum mindesten an ihrem Ende in Bewegung geraten, also vor rund 12 000 Jahren. Dieses Abgleiten wird sich auch in der Zukunft fortsetzen.

Gerade der Vogelsberg mit dem Gebiet von Brachttal und dem nach Birstein abzweigenden Reichenbachtal ist eine der kritischsten Rutschzonen von ganz Hessen.

Solche Erscheinungen beweisen, daß die Erdoberfläche lebendig ist und auch heute noch ständigen Veränderungen unterliegt. Das wird in außergewöhnlicher Weise auch durch Erdbeben bestätigt.

In der Nähe unseres Raumes befindet sich ein Gebiet, das Erdbeben verursachen kann, das ist das Neuhofer Kalisalz-Gebiet. Es hat das Erdbeben vom 15. 1. 1933 verursacht, wo sich ein Nahbeben zwischen Fulda und Schlüchtern ereignete. Es war von einem leichten Erdstoß zwischen Vogelsberg und Rhön begleitet und hat die Stärke 4 der Richter-Skala erreicht. Als Ursache muß ein Einsturz im Salzgebiet um Neuhof angenommen werden, wo durch Auslaugung Hohlräume entstanden waren.

In Skizze 59 ist die Bebenzone dargestellt. Die schraffierte Fläche im Zentrum ist das Salzgebiet.

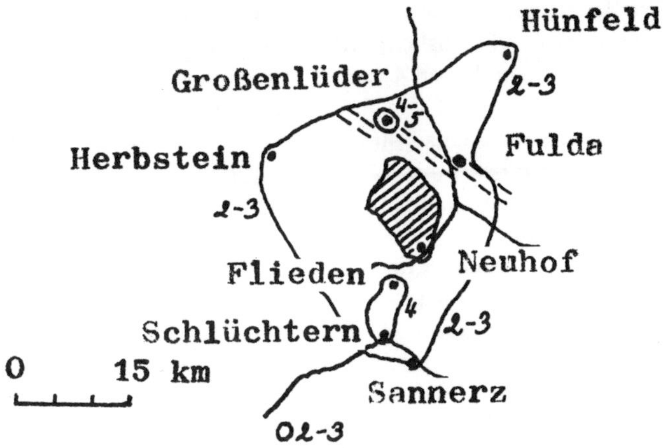

Skizze 59 Erdbeben im Fuldagebiet vom 15.1.1933

Außerhalb unseres Raumes wurde ein ähnliches Erdbeben am 23. 6. 1975 im Kalibergbaugebiet des Werratals verursacht, das die Stärke 5,2 erreichte. In dem dortigen 40 km^2 großen Bergbaugebiet lagern die Kalisalze in 300–600 m Tiefe. Durch Niedergehen des Hangenden in die 2–4 m hohen Flöze oder durch Einsturz von durch natürliche Auslaugung entstandenen Hohlräumen ist das mittelstarke Erdbeben verursacht worden. Seine Auswirkungen sind bis Hersfeld, Hünfeld und vereinzelt sogar bis Mannheim, Frankfurt, Köln und Wolfsburg in den oberen Stockwerken der Häuser spürbar gewesen.

In derselben Gegend hatten sich mit den gleichen Ursachen auch früher schon Erdbeben ereignet, so 1776 in Rotenburg an der Fulda mit der Stärke 6–7, am 22. 3. 1953 in Heringen mit der Stärke 5,4 und am 8. 7. 1958 in Merkers mit der Stärke 5,2.

Die Wahrscheinlichkeit weiterer Erdbeben ist im nördlichen Teil unseres Gebietes wegen seiner Nachbarschaft zum Neuhofer Kalilager also ziemlich groß.

Aber auch vom Oberrheingraben her können Erdbeben auftreten. Da der Oberrheingraben weiter absinkt und seine Randgebiete sich von ihm langsam entfernen, entstehen hier im Untergrund Spannungen, die von Zeit zu Zeit Beben verursachen. So haben sich allein in historischer Zeit Hunderte von Beben ereignet, die vom Oberrheingraben ausgingen. Ein Teil von ihnen hatte seinen Herd in Groß-Gerau, das von Hanau nur 40 Kilometer entfernt ist, so daß sich viele Erdbeben bis dahin und darüber hinaus ausgewirkt haben. Sie waren in historischer Zeit aber im allgemeinen nur leichter Natur.

Wenn die gegenwärtigen geologischen Ereignisse genannt werden, müssen auch die Veränderungen erwähnt werden, welche langsam, aber sicher, zu einer natürlichen Umgestaltung des jetzigen Gewässernetzes führen können. Gemeint ist das allmähliche Einschneiden der Bäche und Flüsse nach unten – in die Tiefe – und aber auch nach rückwärts. Die im Quellbereich der Bäche stattfindende Erosion führt zu einem ständigen Rückwärtseinschneiden. Wenn aber ein Bach seinen Quellbereich erweitert, dringt er dabei möglicherweise in den eines anderen Baches ein, so daß dieser angezapft und eines Teils seines Oberlaufs beraubt wird.

Völker hat 1928 auf drei derartige Möglichkeiten in unserem Gebiet aufmerksam gemacht. Sie sind in Skizze 60 dargestellt.

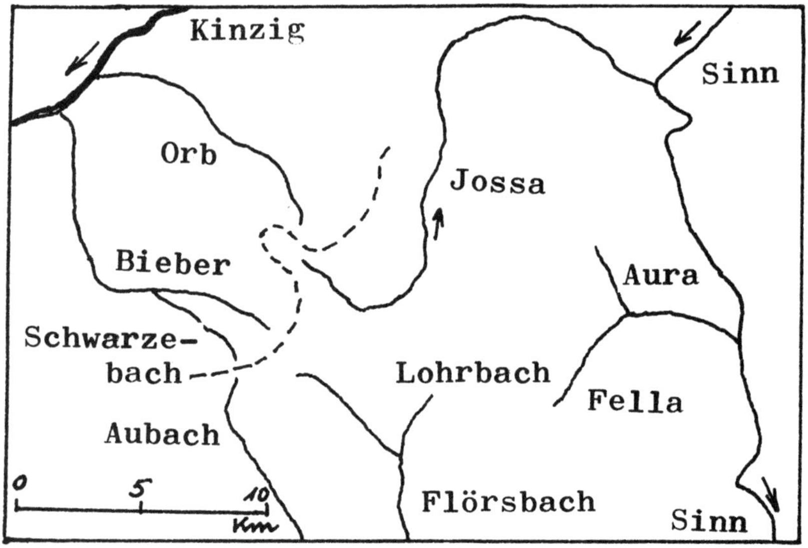

Skizze 60 Die Bäche des Spessarts

Es handelt sich um Bäche im Buntsandsteingebiet des Spessarts. Einmal sind das der Schwarzebach und der Aubach. Der Aubach hat Quellen im moorigen Grund der Wiesbütte in Höhen bis zu 450 m. Vom Wiesbütt-Teich an gerechnet gelangt er nach einer Lauflänge von rund 3150 m in ein 50 m tieferes Niveau.

Der Schwarzebach ist ein Nebenbach der Bieber. Seine Quelle liegt 345 m hoch. Der Schwarzebach gelangt schon nach einer Lauflänge von nur 1800 m in ein 50 m tieferes Niveau, so daß sein anfängliches Gefälle 2,4-mal größer als das des Aubachs ist.

An der Stelle, wo sich die beiden Gewässer am nächsten kommen, beträgt ihre Entfernung nur etwa 475 m. Die natürliche Wasserscheide zwischen ihnen liegt in 426 m Höhe nur 3 bis 4 Meter über der Talmulde des Aubachs unterhalb des Wiesbütt-Teichs, wo er nur etwa 100 m von der Wasserscheide entfernt vorbeifließt. Infolgedessen sind die Voraussetzungen für ein Rückwärtseinschneiden des Schwarzebachs vorhanden, womit dieser den Oberlauf des Aubachs anzapfen würde.

Hier hat der Mensch schon mehrmals eingegriffen.

In der zweiten Hälfte des 18. Jahrhunderts wurde das Quellwasser des Aubachs in der Wiesbütte bis zu 3 m künstlich gestaut, um es bei Bedarf in die Bieberer Bergwerke zu leiten, wo es bei der Verarbeitung der Erze gebraucht wurde. Das Aubachwasser floß also damals schon teilweise in den Schwarzebach, wenn auch auf künstlichem Wege.

Nach der Stillegung der Bieberer Bergwerke wurde die künstliche Verbindung unterbrochen und hart am Nordrand der Wiesbütte entlang die Birkenhainer Straße neu gebaut, deren fester Damm nunmehr allen natürlichen Veränderungen einen kräftigen Riegel vorgeschoben hat.

Außerdem sind am Oberlauf des Schwarzebachs mehrere Quellen gefaßt und für die Trinkwassergewinnung kanalisiert worden, so daß er dort meist trocken liegt. Das gilt ganz allgemein auch für zahlreiche andere Gewässer.

In Skizze 61 ist das Anfangsgefälle beider Bäche dargestellt. Dabei sind die Höhen im Vergleich zu den waagerechten Strecken zehnfach überhöht. Die nicht schraffierte Fläche zwischen den Quellen ist das „Niemandsland“. Man sieht, daß es dem Schwarzebach gelingen könnte, sich rückwärts einschneidend dem Aubach zu nähern.

Der zweite Fall betrifft die Bieber und die Jossa.

Die Jossa-Quelle liegt 454 m hoch. Die Jossa legt 5625 m zurück, bis sie in ein 74 m tieferes Niveau gelangt.

Ein kleiner Nebenbach der Bieber quillt in dem scharf eingeschnittenen V-förmigen Sallbachsgrund in 314 m Höhe empor. Nach einem Lauf von nur 1900 m Länge gelangt er schon in ein 74 m tieferes Niveau. Das Anfangsgefälle der Bieber ist also dreimal größer als das der Jossa.

Die Entfernung zwischen beiden Quellen beträgt 2300 m, und die Wasserscheide zwischen ihnen liegt 314 m hoch.

Auch hier ist die Voraussetzung für ein Rückwärtseinschneiden der Bieber gegeben, so daß dann die Jossa angezapft würde. Allerdings ist die Entfernung beider Quellen mit 2300 m sehr groß.

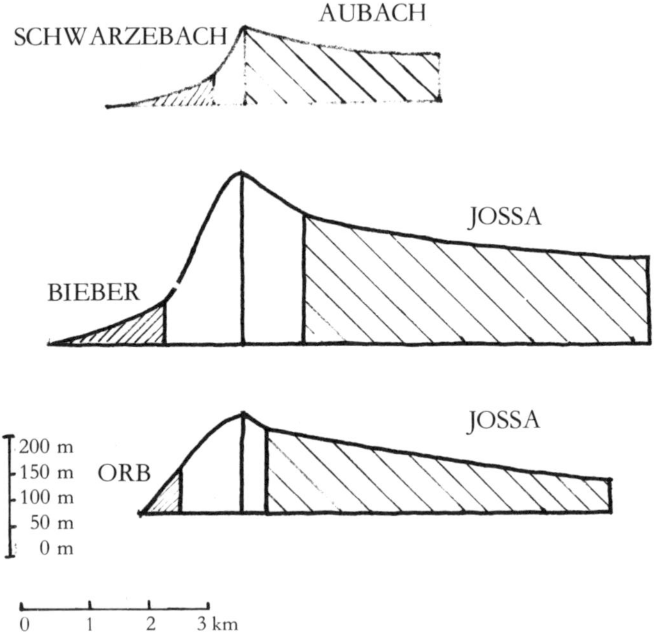

Skizze 61 Das Rückwärtseinschneiden der Spessart-Bäche

Die Jossa wird jedoch auch noch von der Orb bedrängt, und zwar viel stärker.

Die Orb hat ganz in der Nähe ihrer Hauptquelle eine Nebenquelle, die 394 m hoch liegt. Die Orb erreicht schon nach 700 m ein 74 m tieferes Niveau, hat also ein 8-mal größeres Anfangsgefälle als die Jossa.

Beide Quellen sind 1400 m voneinander entfernt, und die Wasserscheide auf der Luftlinie zwischen ihnen liegt 487,5 m hoch.

Die Voraussetzung für ein kräftiges Rückwärtseinschneiden der Orb ist erfüllt.

Aber auch hier hat der Mensch durch den Bau einer Straße diese Möglichkeit erschwert.

Auch ohne das Zutun des Menschen nähme das Rückwärtseinschneiden der Bäche jedoch sehr große Zeiträume in Anspruch.

Bei diesen drei Fällen könnte der Schwarzebach sein Ziel am schnellsten erreichen. Dagegen würden die Bieber und Orb, welche die Jossa umklammern, mehr Zeit brauchen, weil größere Strecken und höhere Wasserscheiden überwunden werden müssen.

Legt man den in der Fachliteratur angegebenen Durchschnittswert für die Erniedrigung der mitteleuropäischen Landflächen von einem Zwanzigstel Millimeter je Jahr zugrunde, so wären, da bei der Orb in der Senkrechten etwa 50 m abgetragen werden müßten, eine Million Jahre erforderlich.

Da der Geologe es jedoch gewohnt ist, mit Zeiträumen von Millionen Jahren zu rechnen, konnte Völker, der auf diese Fälle aufmerksam gemacht hat, mit Recht davon reden, daß der Aubach und die Jossa, welche jetzt Zuflüsse des Mains im Osten erreichen, einmal ihren Oberlauf zugunsten westlich gelegener Kinzigzuflüsse verlieren könnten.

In Skizze 60 auf Seite 136 stellt die gestrichelte Linie die Wasserscheide dar. Das halbinselartige Vorspringen der Wasserscheide um die Quelle der Jossa herum hatte Völker von der „Umklammerung“ der Jossa durch Bieber und Orb reden lassen.

Schollenbewegungen

Zum Abschluß der geologischen Geschichte des Kinzigtals soll noch eine Frage behandelt werden, nämlich die, ob es Zeugnisse dafür gibt, daß auch gegenwärtig noch Bewegungen in der Erdkruste von langfristiger und großräumiger Natur vor sich gehen.

Sie könnten einmal in Hebungen oder Senkungen bestehen und zum anderen auch in waagerechter Richtung – etwa grabenbildend – ablaufen. Die etwaigen horizontalen Bewegungen werden im letzten Kapitel erörtert; befassen wir uns hier zunächst mit den senkrechten Veränderungen. Dafür kann die Untersuchung der Gefälle-Verhältnisse eines Flusses einen guten Maßstab abgeben. Schneider hat diese Methode schon 1961 auf die Kinzig angewandt und sie durch einen Vergleich mit amtlichen Höhenmessungen im Kinzigtal zum Nachweis von Schollenbewegungen ausgebaut.

Er legte bei der Kinzig die Werte von 1889 zugrunde, als die Kinzig noch nicht begradigt war.

Naturgemäß lehrt auch der bloße Augenschein der Kinzig schon einiges über ihr Gefälle. In Gegenden geringen Gefälles hat die Kinzig einen windungsreichen Lauf, sie bildet dort Flußschlingen oder Mäander und nach deren Abschnürung auch Altwässer. Außerdem treten dort häufiger Überschwemmungen auf.

Hinter Salmünster bildet die Kinzig zahlreiche Schlingen. In der Gegend von Wächtersbach werden solche noch stärker gebildet und entsprechend wird dort auch viel Material aufgeschüttet. Eine Bohrung am Südrand von Wächtersbach hat ergeben, daß die Aufschüttungen der Eiszeit und der Nacheiszeit insgesamt eine Mächtigkeit von 50 m erreicht haben. Eine gleich starke Aufschüttung gibt es an keiner anderen Stelle der Kinzig. Die jahreszeitlichen Überschwemmungen verwandeln hier das Tal zwischen Salmünster und bis unterhalb Wächtersbach jedesmal in einen riesigen See.

Untersucht man das Gefälle zahlenmäßig, so stellt man fest, daß es bei der Kinzig zwei Abschnitte gab, in denen das Gefälle gegenüber dem darauffolgenden Abschnitt früher einen geringeren Wert hatte. Normalerweise müßte das Gefälle bei einem Fluß nämlich von Abschnitt zu Abschnitt weiter abnehmen. Wenn es nun nach einem bestimmten Abschnitt nicht abnimmt, sondern ansteigt, dann muß sich dieser Abschnitt gesenkt haben. Bei der Kinzig gab es zwei solcher Abschnitte.

Der eine begann beim Flußkilometer 55,5 und endete beim Flußkilometer 46,5. Die Flußkilometer werden von der Mündung aus gemessen.

Dieser Teil der Kinzig beginnt etwa 1 km unterhalb von Salmünster und endet in der Mitte zwischen Wächtersbach und Wirtheim, er ist 9 km lang.

Das letzte Gefälle der Kinzig davor betrug 1,32 Promille. Im Abschnitt Salmünster-Wirtheim hatte es den Wert 0,65 Promille. Danach – von Wirtheim an flußabwärts – stieg es auf 0,86 Promille an.

Zunächst nahm das Gefälle also um die Hälfte ab und dann erhöhte es sich um ein Drittel.

Ebenso betrug das Gefälle in dem 20 km langen Abschnitt von Meerholz bis etwa 3 km unterhalb von Rückingen nur 0,73 Promille, während es sich in dem darauffolgenden Endabschnitt bis zur Kinzigmündung wieder auf 0,92 Promille erhöhte.

Schneider hat das damit erklärt, daß sich die Gesteinskruste in diesen beiden Zonen gesenkt hat.

Er verglich daraufhin auch die Werte der 1885 vorgenommenen Höhenmessungen der trigonometrischen Landesvermessung mit denen des Jahres 1937. Dabei nahm er als festen Bezugspunkt Steinau an, d.h. er setzte voraus, daß sich die Höhenlage von Steinau in diesen 52 Jahren nicht geändert hat. Andernfalls müßten alle Ergebnisse noch um die Höhenänderung von Steinau verbessert werden. Darauf kam es in dieser Untersuchung jedoch nicht an.

Es zeigte sich folgendes:

Ein Schwerpunkt der Absenkung lag bei Wächtersbach, wo der Meßpunkt von 1885 bis 1937 in 52 Jahren um 22 mm abgesunken war.

Ein zweiter Schwerpunkt der Absenkung lag unterhalb von Gelnhausen bei Lieblos und Meerholz, wo sogar 29 mm erreicht wurden.

Der gleiche Wert ergab sich für einen dritten Schwerpunkt bei Rückingen. Einen Hinweis für das Absinken des Kinzigtales in diesem Abschnitt von Meerholz bis Rückingen kann man auch darin erblicken, daß sich nördlich von Neuenhaßlau ein sumpfiges Gelände mit moorigem Grund gebildet hat, in dem Torf entstanden ist. Die etwa 14 Hektar große Fläche steht als „Hässeler Weiher" unter Naturschutz. (Selbst der Name Kinzig deutet daraufhin. Er stammt aus dem Keltischen und bedeutet „sumpfiges Wasser".)

Entsprechende Vergleiche sind für das untere Kinzigtal von Aufenau bis Roth auch noch für die Zeit von 1936/37 auf 1955 angestellt worden. Auch sie zeigen im Talbereich deutliche Senkungen.

In der Bewertung sind die Bearbeiter des geologischen Blattes Gelnhausen Diederich und Hickethier jedoch sehr vorsichtig. Da die Talfüllung hier aus verhältnismäßig lockeren Gesteinen besteht, können einmal die durch Eisenbahn und Autoverkehr bewirkten Erschütterungen des Bodens zu einem allmählichen Zusammensinken führen, und zum anderen kann die Grundwasserentnahme in den Kinzigauen den trockener werdenden Boden tiefer sinken lassen. Trotzdem ist es auffällig, daß bei fast allen Meßpunkten eine eindeutig fallende Tendenz vorhanden ist.

Auch für den Bereich der oberen Kinzig von Schlüchtern bis Salmünster sind Vergleichsmessungen für die Zeit von 1937 bis 1955 und zum Teil auch bis 1966 vorgenommen worden. Sie zeigen sämtlich Senkungen an, am stärksten in Schlüchtern bis zu 10 mm. Die evangelische Kirche hat sich in 29 Jahren um 16 mm abgesenkt, im Jahresdurchschnitt um mehr als einen halben mm. Die Fundamente der über 600 Jahre alten Kirche werden aber weder durch den Autoverkehr noch durch die Eisenbahn erschüttert, so daß es sich hier um eine echte Senkung der Erdoberfläche handelt. Ungefähr senkrecht zum Kinzigtal konnten auf einer von West-Nord-West nach Ost-Süd-Ost laufenden Vermessungslinie ebenfalls Höhenmessungen von 1949/50 mit solchen von 1956 verglichen werden. Hierbei ergab sich im Becken eine Absenkung bis zu 8 mm in 6–7 Jahren. Diese Vermessungslinie kreuzt die des Kinzigtals an der evangelischen Kirche in Schlüchtern.

Das Absinken dieses Gebiets ist also zweifelsfrei festgestellt worden. Auch Diederich und Hickethier erkennen für das Schlüchterner Becken „klare Senkungstendenzen" an.

Während der Lauf der Kinzig im Schlüchterner Becken heute zum großen Teil künstlich begradigt worden ist, hat sie früher dort sicher Flußschlingen und Altwässer gebildet. Vielleicht deutet auch die Herkunft des Namens Schlüchtern von „Sluohderin = tümpelreiche Gegend" auf die Altwasserbildung in diesem Bereich hin.

Ob sich der Boden des Kinzigtals auch in früheren Jahrtausenden und Jahrmillionen gesenkt hat, diese Frage ist offen. Ohnehin wechseln Zeiten der Senkung mit solchen des Stillstands und der Hebung ab. Aber es ist sehr wahrscheinlich, daß sich das Kinzigtal seit der Zeit der Entstehung der Basaltmassen des Vogelsbergs bis zur Gegenwart gesenkt hat. Die emporgequollenen Basaltmassen haben das Magma unter der Erdkruste vermindert und drücken diese nunmehr nach unten. Dabei wird sich mit der Zeit im allgemeinen wieder ein Gleichgewicht einstellen.

Schneider schreibt dazu: „Es ist wohl kaum von der Hand zu weisen, daß die basaltischen Ergüsse des Vogelsberges nicht nur selbst durch einen Massenüberschuß ausgelöst wurden, sondern daß auch die viele hundert Meter mächtigen Laven, die an die Oberfläche traten, im Untergrund ihrer Herkunft Defizite und Spannungsrückgänge erzeugten, die sehr wohl ein Hinabpressen der festen Kruste bewirken konnten."

Schneider hat noch einen weiteren Hinweis auf eine Absenkung des Kinzigtals gegeben, indem er Querprofile des Kinzigtals (mit fünffacher Überhöhung) gezeichnet hat. In Skizze 62 auf Seite 144 sind vier Profile wiedergegeben. Alle vier Profile zeigen, daß die Gesteinsschichten nach Norden oder Nordwesten geneigt sind.

Soweit der Basalt auch auf dem südöstlichen Kinzigufer vorhanden ist, liegt er dort heute viel höher als im Nordwesten, wie Profil 5 deutlich zeigt. Bei der Entstehung der Basaltdecke kann er aber nicht den Berg hinaufgeflossen sein. Also muß das nordwestliche Ufer abgesunken sein.

Allerdings könnte auch eine Absenkung im Nordwesten mit einer Hebung im Südosten verbunden gewesen sein. Das

Herausheben der Spessartscholle könnte das Absinken der Gesteinsschichten im Nordwesten sogar beschleunigt haben.

Auf der Spessartseite steigen die Schichten also an. Dabei erreichen sie im allgemeinen 10 km südöstlich der Kinzig ihre höchste Lage.

Auf der Vogelsbergseite tauchen die Schichten dagegen unter die Basaltmassen. Die Profile lehren, daß die tiefste Stelle der abbiegenden Schichtlinien nicht mit der Kinzig zusammenfällt. Ihre Lage ist einstweilen nicht feststellbar. Es ist jedoch nicht unwahrscheinlich, daß sie durch die heute zentrale Region des Vogelsbergs läuft. In der nordwestlichen Verlängerung des Profils 5 würde man im Abstand von 27 km von der Kinzig genau auf das jetzige Zentrum des Gebirges treffen, den 774 m hohen Taufstein.

Skizze 62

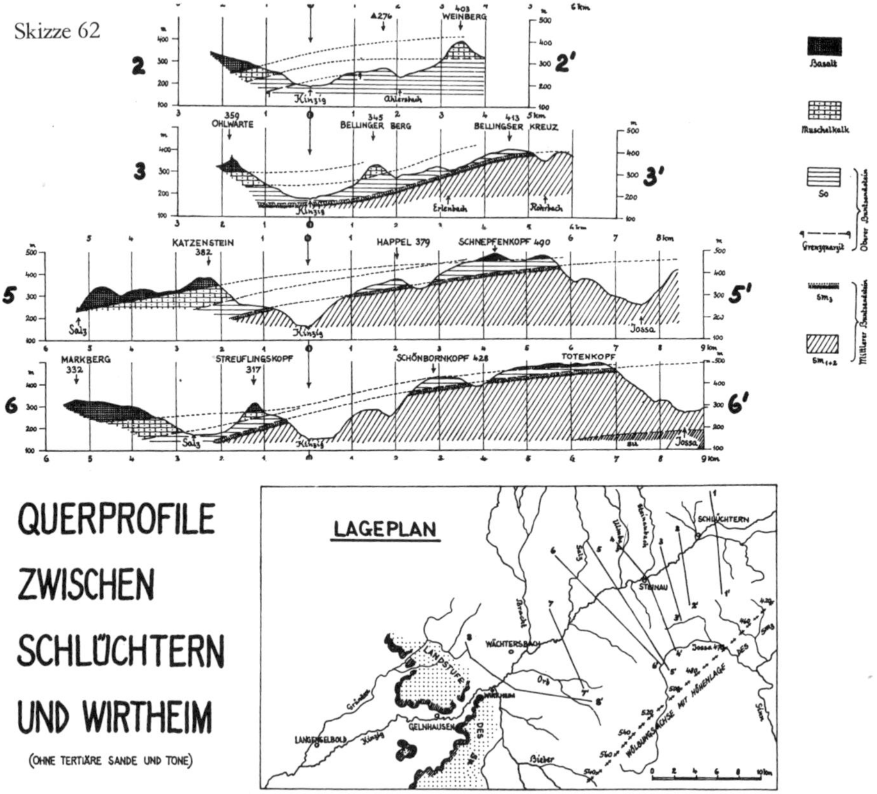

QUERPROFILE ZWISCHEN SCHLÜCHTERN UND WIRTHEIM

(OHNE TERTIÄRE SANDE UND TONE)

Rückblick und Ausblick

Kann etwas über die geologische Zukunft gesagt werden? Diese Frage ist angesichts der Tatsache, daß ein entscheidender Wandel immer nur in Jahrmillionen eintreten kann, berechtigt. Trotzdem sind einige Geologen bereit, darüber Aussagen zu machen, indem sie an die in der Vergangenheit geschehenen Ereignisse anknüpfen.

Wenn auch der Beginn des geologischen Geschehens noch im Dunkel des fast noch Unerforschten liegt, so läßt sich aus der Tatsache der Bildung von Faltengebirgen doch schließen, daß ihre Entstehung auf das allmähliche Aufeinanderprallen und Zusammenschweißen von großen Schollen zurückgeführt werden muß. Das in der Steinkohlenzeit vor etwa 350 bis 285 Millionen Jahren als Faltengebirge entstandene variskische Gebirge hat bei uns im Kern des Vorspessarts seine aus Urgesteinen bestehenden Spuren hinterlassen. Es ist beim Zusammenfügen zweier Schollen entstanden.

Zu der nördlichen Großscholle gehörten außer dem größten Teil Asiens vom späteren Europa noch England, Skandinavien und Norddeutschland. Diesem Kontinent hat man den Namen Laurasia gegeben.

Südlich davon befand sich ein großes Meer, dessen Boden auch von dem späteren Hessen gebildet wurde.

Um Tausende von Kilometern von Laurasia entfernt befanden sich im Süden mehrere kleinere Schollen, die dem großen Südkontinent vorgelagert waren. Dieser Südkontinent, der im wesentlichen das heutige Afrika umfaßte, führt den Namen Gondwanaland. Die ihm nördlich vorgelagerten drei kleineren Schollen waren das heutige Spanien, Italien sowie Süddeutschland.

Sowohl Laurasia als auch Gondwanaland drifteten nach Norden. Da die südlichen Schollen schneller waren, kam es schließlich zum Zusammenstoß. Als erste der kleineren Schollen traf die süddeutsche Scholle auf den Kontinent Laurasia. Dabei wurde Hessen als Meeresboden emporgequetscht und das variskische Gebirge aufgefaltet. Das geschah vor 350 bis 285 Millionen Jahren. Es entstanden die Vogesen, der Schwarzwald, Odenwald, Spessart, Thüringerwald und Böhmerwald. Die Südgrenze des nördlichen Kontinents, an welchen zunächst nur die süddeutsche Scholle „angeschweißt" worden war, verlief danach quer durch Bayern, etwa der Donau folgend.

Südlich davon befand sich immer noch ein großes, sich von Westen nach Osten erstreckendes Meer, die Tethys.

Nach der variskischen Gebirgsbildung trat eine Zeit der Ruhe ein. Da die Norddrift der südlichen Schollen jedoch anhielt, wurde das Tethys-Meer immer mehr eingeengt. Nunmehr wurde die italienische Scholle an den nördlichen Kontinent „angeschweißt", wobei die Alpen aufgefaltet wurden. Dieser Vorgang, der vor etwa 90 Millionen Jahren in der Kreidezeit einsetzte, ist noch nicht abgeschlossen! Südlich der Alpen blieb nur ein kleiner Teil der Tethys als das heutige Mittelmeer bestehen.

Gleichzeitig brach jedoch in Deutschland der Oberrheingraben als Teil der Mittelmeer-Mjösen-Zone ein. Seite 44 ist die Entstehung solcher Gräben damit erklärt worden, daß sich die Schollen bei der Annäherung an den Äquator infolge der dort stärkeren Erdkrümmung aufspalten müssen. Inzwischen lag Deutschland zwar längst nördlich des Äquators, doch wirkten die aufspaltenden Kräfte längs des nachgezogenen Schollenrandes auch dann noch weiter. Gleichzeitig mit der Entstehung des Oberrheingrabens wurden der Odenwald und der Spessart angehoben.

Daß mit der Verlagerung der Großschollen von Süden nach Norden auch der Wechsel im Klima erklärt werden kann, ist früher bereits geschildert worden.

Soweit der Rückblick.

Nun stellt sich natürlich die Frage, ob die Norddrift Deutschlands und die Bildung rheinischer Gräben zum Stillstand gekommen sind oder sich noch fortsetzen.

Calder sieht eine Fortsetzung als gegeben an.

Für eine anhaltende Norddrift spricht die Tatsache, daß die Alpen heute noch an manchen Stellen bis zu 1,5 mm im Jahr aufsteigen. Der von Süden her wirkende Druck der afrikanischen Scholle hält an. Davon legen auch die zahlreichen Erdbeben im Raum des Mittelmeers Zeugnis ab.

Eine Norddrift unseres Raumes könnte ein in Jahrmillionen allmählich kühler werdendes Klima zur Folge haben.

Wichtiger für unseren Raum ist die Möglichkeit, daß sich die rheinischen Zerrgräben noch weiter öffnen könnten. Fairbridge sieht u.a. Thermalquellen, ungewöhnliche Wärmeströme in der Erde und kleinere Erdbeben als Anzeichen dafür an. Er zieht daraus folgenden Schluß:

„Eines Tages wird sich das westliche Europa – die Britischen Inseln, die Beneluxländer, die Gebiete westlich des Rheins, Frankreich und die Iberische Halbinsel – abspalten und von Zentraleuropa wegdriften."

Nun hat sich zwar feststellen lassen, daß Amerika von Europa und Afrika gegenwärtig immer noch mit einer Geschwindigkeit von rund 2 cm je Jahr wegdriftet, aber ein Auseinandergleiten von Teilen Europas ist noch nicht nachgewiesen worden. Das müßte unter Zuhilfenahme neuzeitlicher Verfahren geschehen, welche die Entfernung trigonometrischer Punkte erster Ordnung voneinander genau bestimmen.

Die Lage trigonometrischer Punkte erster Ordnung wurde früher durch astronomische Ortsbestimmungen ermittelt. Die dabei erzielte Genauigkeit lag in der Größenordnung von 1–2 Dezimetern.

Für geologische Zwecke, etwa zur Messung einer Drift, müßte die Genauigkeit aber in der Größenordnung von Millimetern liegen.

Diese hundertfach größere Genauigkeit ist mit Laserstrahlen bei der Messung der Entfernung von zwei in Sichtweite voneinander liegenden Punkten bereits erzielt worden.

Mit Radioteleskopen kann man durch die Messung der Zeitdifferenz bei der Beobachtung außerirdischer Radioquellen aber auch schon über Hunderte von Kilometern hinweg die Entfernung zwischen zwei Fernrohren auf Millimeter genau bestimmen.

Es ist also nur noch eine Frage der Zeit, wann man derartige Messungen auch in unserem Raum anstellt. Noch ist nichts darüber bekannt geworden, ob man mit derartigen Messungen schon in Deutschland begonnen hat.

Wenn man Fairbridges Annahme folgt, hat das unter Umständen auch für unseren Raum eine große Bedeutung.

Denn unser Gebiet liegt ja in der Zone, wo früher einmal die Verlängerung des Oberrheingrabens nach Norden als Teil der großen Mittelmeer-Mjösen-Zone entwickelt worden ist. Sollten die Schollen an dieser Grabenzone auseinandergleiten, dann könnte sich das auf zweifache Art auswirken.

Einmal könnten dem unterirdischen Magma durch die dabei aufreißenden Spalten erneut Aufstiegswege gebahnt werden. Es ist in jüngster Zeit festgestellt worden, daß sich unter dem Vogelsberg noch immer ein flüssiger Magmaherd befindet. Das konnte man aus der zeitlichen Verzögerung von aus großer Entfernung kommenden Erdbebenwellen schließen, denen das flüssige Magma einen größeren Widerstand als das feste Gestein der Erdkruste entgegensetzt.

Damit ist die Wahrscheinlichkeit für eine neue vulkanische Tätigkeit gerade im Gebiet des Vogelsbergs sehr groß. Die Vorstellung, daß sich über Teile des Vogelsbergs dann abermals das flüssige Magma des Erdinnern ergießt – so wie das vor 7 bis 25 Millionen Jahren der Fall gewesen ist –, erscheint uns Menschen der Gegenwart als unmöglich, und doch könnte das eines fernen Tages Wirklichkeit werden.

Zum anderen würde sich das Auseinandergleiten der Schollen so auswirken, daß der gesamte Bereich der Mittelmeer-Mjösen-Zone als Graben wieder allmählich im Meer versinkt. Es würde sich dann das Mittelmeer von Süden her und das Nordmeer von Norden in unseren Raum ausdehnen.

Vielleicht würde dann der Bereich der Rhön-Spessart-Schwelle das östliche Ufer eines neuen Meeresarms bilden, so daß das Kinzigtal ungefähr der östlichen Uferlinie entspräche.

Wenn sich diese Möglichkeiten verwirklichen sollten, würde das sicher in einer so fernen Zeit der Fall sein, in der das Menschengeschlecht längst nicht mehr lebt.

Aber der Gedanke, daß eine solche Weiterentwicklung des geologischen Geschehens gerade auch unser Gebiet entscheidend verändern könnte, ist phantastisch genug, um als Ausblick an das Ende gestellt zu werden.

Geologische Zeittafel

Erdzeitalter	Zeit-Abschnitt	Abteilung	Alter (in Millionen Jahren)	Dauer (in Millionen Jahren)
Erdneuzeit (Neozoikum)	Quartär	Gegenwart (Holozän)	0,01	0,002
		Eiszeitalter (Pleistozän)	1,5 – 0,01	1,49
	Tertiär	Pliozän	5,3 – 1,5	3,8
		Miozän	26 – 5,3	20,7
		Oligozän	40,5 – 26	14,5
		Eozän	57,5 – 40,5	17
		Paläozän	67 – 57,5	9,5
Erdmittelalter (Mesozoikum)	Kreide		137 – 67	70
	Jura		195 – 137	58
	Trias	Keuper	205 – 195	10
		Muschelkalk	215 – 205	10
		Buntsandstein	230 – 215	15
Erdaltertum (Paläozoikum)	Perm	Zechstein	240 – 230	10
		Rotliegendes	285 – 240	45
	Karbon (Steinkohlenzeit)		350 – 285	65
	Devon		405 – 350	55
	Silur		440 – 405	35
	Ordovizium		500 – 440	60
	Kambrium		570 – 500	70
Erdfrühzeit (Eozoikum)			4500 – 570	3930
Erdurzeit (Azoikum)			mehr als 4500	

Anmerkung: Die in der Literatur angegebenen Zeittafeln weichen untereinander mehr oder weniger stark voneinander ab. Dieser Zeittafel wurden die von der internationalen Kommission zur Entwicklung einer Welt-Zeit-Tabelle festgesetzten Zahlen zugrundegelegt. Sie sind verzeichnet in dem Werk „Die Entwicklungsgeschichte der Erde“, Verlag Werner Dausien, Hanau 4. Auflage 1975. Für die Unterteilung des Tertiärs wurden z.T. noch andere Quellen herangezogen.

Die Gliederung des Eiszeitalters

Die nebenstehende Tafel stellt einen Versuch dar, dem letzten Abschnitt des Eiszeitalters oder Pleistozäns eine Zeit-Skala zuzuordnen.

Sie fußt auf der oberen Grenze von 690 000 Jahren, die sich aus der letzten Umpolung des Magnetfeldes der Erde ergibt, der Brunhes-Zeitmarke.

Als untere Grenze ist das Ende der letzten Kaltzeit, der Weichsel- bzw. Würm-Kaltzeit, genommen worden, die vor 12 000 Jahren zu Ende gegangen ist.

Für die Gliederung des dazwischen liegenden Zeitraums ist das von Professor Schönwiese verfaßte Werk: „Klimaschwankungen" zugrundegelegt worden, das in der Reihe „Verständliche Wissenschaft" als Band 115 im Springer-Verlag im Jahre 1979 erschienen ist.

Die Angaben über die Weichsel- bzw. Würm-Kaltzeit sind den Seiten 85–87 entnommen worden.

Der Zeitraum der Saale- bzw. Riß-Kaltzeit ist Seite 38 angegeben.

Allen übrigen Angaben liegt die Seite 92 in Skizze 32 gezeichnete Kurve der Temperaturschwankungen zugrunde, die nach der Sauerstoff-Isotopenmethode für verschiedene Tiefsee- und Landbohrkerne des Mittelmeergebietes abgeschätzt worden sind. Gravierende zeitliche Unterschiede zu unserem Raum sind unwahrscheinlich.

Die Hochglaziale sind Zeiten besonders tiefer Temperatur.

Die Terrassen des Mains und der Kinzig sind den Hochglazialen zugeordnet worden.

Gliederung des Eiszeitalters

Gliederung des Eiszeitalters	Jahrtausende vor heute	Dauer in Jahrtausenden	Terrassen des Mains	Terrassen der Kinzig
Gegenwärtige Warmzeit, Beginn	12			
Weichsel- bzw. Würm-Kaltzeit Ende Hochglazial B Hochglazial A Beginn	 12 28,5 59 75	63	T 7 T 6	Unteres Niveau
Eem-Warmzeit	140–75	65		
Saale- bzw. Riß-Kaltzeit Ende Hochglazial B Hochglazial A Beginn	 140 145 193 200	60	T 5 T 4	Mittleres Niveau Oberes Niveau
Holstein-Warmzeit	260–200	60		
Elster- bzw. Mindel-Kaltzeit Ende Hochglazial B Hochglazial A Beginn	 260 290 330 335	75	T 3 T 2	Oberes Niveau
Cromer-Warmzeit	350–335	15		
Elbe- bzw. Günz-Kaltzeit Ende Hochglazial B Hochglazial A Beginn	 350 368 396 420	70	T 1	
Waal-Warmzeit	445–420	25		
Eburon- bzw. Donau-Kaltzeit Ende Hochglazial C Hochglazial B Hochglazial A Beginn	 445 459 499 531 555	110		
Tegelen-Warmzeit	580–555	25		
Brüggen- bzw. Biber-Kaltzeit Ende Hochglazial C Hochglazial B Hochglazial A Beginn	 580 586 619 655 690	110		

Daten über die Kinzig und andere Gewässer

	Quelle mNN	Mündung mNN	Höhen-unter-schied m	Länge km	Mittleres Gefälle Promille
Kinzig	405	99	306	80,6	3,8
Zuflüsse von rechts					
Elmbach	483	214	269	9,0	30,0
Steinebach	518	170	348	22,4	15,5
Ulmbach	434	161	273	13,8	19,8
Salz	600	147	453	28,2	16,1
Bracht	560	139	421	29,5	14,3
Gründau	375	114	261	27,6	9,5
Fallbach	203	103	100	24,5	4,1
Krebsbach	240	102	138	25,6	5,4
Zuflüsse von links					
Orb	335	138	197	10,8	18,2
Bieber	319	134	185	15,1	12,3
Birkigsbach	312	120	192	12,3	15,6
Flüsse östlich der Kinzig					
Jossa	454	212	242	31,4	7,7
Sinn	800	152	648	63,9	10,1
Kahl	290	104	186	33,0	5,6
Flüsse westlich der Kinzig					
Seemenbach	554	120	434	36,7	11,8
Abschnitte vom Main					
Gemünden	152				
Hanau	99		53	154,5	0,34
Mainz	84		15	55,4	0,27

	Einzugs-Gebiet km²	Anteil am Einzugs-Gebiet %	Mittlere Wasserspende an der Mündung l/s · km²	l/s	Reihenfolge in der Stärke
Kinzig	1052,55	100,0	3,1	3230	
Zuflüsse von rechts					
Elmbach	30,3	2,9	11,5	350	VII
Steinebach	64,7	6,1	12,5	810	IV
Ulmbach	20,6	2,0	12,6	260	X
Salz	90,0	8,6	12,5	1125	II
Bracht	118,4	11,2	11,7	1385	I
Gründau	95,5	9,1	6,1	585	V
Fallbach	48,8	4,6	4,2	205	XI
Krebsbach	73,8	7,0	4,1	305	IX
Teilsumme	542,1	51,5			
Zuflüsse von links					
Orb	44,0	4,2	11,2	495	VI
Bieber	81,1	7,7	10,7	870	III
Birkigsbach	45,9	4,4	7,1	325	VIII
Teilsumme	171,0	16,3			
Gesamtsumme	713,1	67,8			
Flüsse östlich der Kinzig					
Jossa	147,6		10,5	1550	
Sinn	623,8		5,3	3305	
Kahl	198,4		6,0	1190	
Flüsse westlich der Kinzig					
Seemenbach	146,2		6,1	890	
Abschnitte vom Main Gemünden Hanau Mainz	24473		3,1	75865	

Wasserstand des Mains im Jahre 1901

	Main-km	Entfernung km	Höhe mNN	Gefälle m	Gefälle Promille
Quelle	495,0		890		
		104,8		662,00	6,32
Bamberg	390,2		228,00		
		54,0		24,48	0,45
Schweinfurt	336,2		203,52		
		61,0		27,17	0,45
Marktbreit	275,2		176,35		
		65,3		25,20	0,39
Gemünden	209,9		151,15		
		53,4		17,81	0,33
Wertheim	156,5		133,34		
		31,7		11,02	0,35
Miltenberg	124,8		122,32		
		37,7		15,10	0,40
Aschaffenburg	87,1		107,22		
		31,7		10,08	0,32
Hanau	55,4		97,14		
		19,4		6,36	0,33
Frankfurt	36,0		90,78		
		36,0		9,36	0,26
Mündung	0,0		81,42		

Quelle: Schreiben der Wasser- und Schiffahrtsdirektion Süd in Würzburg vom 22.6.1979

Wasserstand der Kinzig im Jahre 1973

	Kinzig-Meter	Entfernung m	Höhe mNN	Gefälle m	Gefälle Promille
Quelle	80 630		405		
		1 440		45	31,25
Sterbfritz	79 190		360		
		3 130		60	19,17
Sannerz	76 060		300		
		1 300		25	19,23
Vollmerz	74 760		275		
		3 675		50	13,61
Herolz	71 085		225		
		2 610		25	9,58
Schlüchtern	68 475		200		
		2 190		10	4,57
Niederzell	66 285		190		
		4 930		20	4,06
Steinau	61 355		170		
		7 900		20	2,53
Salmünster	53 455		150		
		9 100		11	1,21
Wächtersbach	44 355		139		
		4 880		4	0,82
Wirtheim	39 475		135		
		7 600		7	0,92
Gelnhausen	31 875		128		
		16 350		13	0,80
Langenselbold	15 525		115		
		15 525		16	1,03
Mündung	0		99		

Literatur-Verzeichnis

1 Anderle, H.J.: Die Mächtigkeit der sandig-kiesigen Sedimente des Quartärs im nördlichen Oberrhein-Graben und der östlichen Untermain-Ebene. Notizblatt des hessischen Landesamtes für Bodenforschung Band 96, Seite 185–196, Wiesbaden 1968

2 Baranyi, I. u. Lippolt, H.J.: Das permische Natron-Keratophyr von Roßdorf im nördlichen Odenwald. Geologisches Jahrbuch Hessen, Bd. 104, S. 167–172, Wiesbaden 1976

3 Barth, W. u. Hickethier, H.: Röt und tertiäre Sedimente im Raum Schlüchtern nach Kernbohrungen. Geol. Jahrb. Hessen, Bd. 105, S. 99–114, Wiesbaden 1977

4 Becksmann, E.: Geologie als Erdgeschichte. Stuttgart 1947

5 von Braunmühl, W.: Gravimetrische Untersuchungen im Vogelsberg. Nt. hess. L. Amt f. Bodenf., Bd. 103, S. 327–338, Wiesb. 1975

6 Bücking, H.: Erläuterungen zum geologischen Blatt 5820 Langenselbold, Berlin 1891

7 Bücking, H.: Erläut. zum geol. Blatt 5821 Bieber, Berl. 1891

8 Bücking, H.: Erläut. zum geol. Blatt 5822 Lohrhaupten, Berlin 1891

9 Büdel, J.: Die Gliederung der Würm-Kaltzeit. Würzburger Geographische Arbeiten, Heft 8, 1960

10 Büdel, J.: Grundzüge der klimamorphologischen Entwicklung Frankens. Würzburger geogr. Arb. Band 4/5 1957

11 Büdel, J.: Klima-Geomorphologie. Borntraeger Stuttgart 1980

12 Buß, K.: Erdgeschichtliche Spuren in unserem Heimatboden. Bergwinkel-Bote, Heimatkalender für den Kreis Schlüchtern 1958, S. 31

13 Cailleux, A.: Der unbekannte Planet. Fischer 1972

14 Calder, N.: Erde – ruheloser Planet. Hallwag Stuttgart 1972

15 Diederich, G.: Geologische Verhältnisse und Probleme bei Bieber. Natur und Museum, Bd. 99 der Berichte der Senckenberg. Naturf. Gesellschaft, S. 307–316, Frankfurt a.M. 1969

16 Diederich, G. u. Hickethier, H.: Zur Tektonik des Schlüchterner Beckens und seiner Umrahmung. Not. hess. L. Amt f. Bodenf., Bd. 98, S. 81–92 Wiesbaden 1970

17 Diederich, G. Die Klüftung im Buntsandstein des Blattes 5721 Gelnhausen. Not. hess. L. Amt f. Bodenf., Bd. 101, S. 284–299 Wiesbaden 1973

18 Diederich, G. u. Stahl, W.: C-Isotopenanalysen des Methans und Kohlendioxids einiger hessischer Mineralwässer. Not. hess. L. Amt f. Bodenf., Bd. 103, S. 305–313 Wiesbaden 1975

19 Diederich, G. u. Ehrenberg, K.H.: Erläut. z. geol. Blatt 5721 Gelnhausen. Wiesbaden 1977

20 Dolezol, T.: Planet des Menschen. Überreuter Heidelberg 1975

21 Dorn, P.: Geologie von Mitteleuropa. Stuttgart 1960

22 Dörrer, Ingrid: Die tertiäre und postglaziale Fo mengestaltung des Steigerwaldes. Bundesfo schungsanstalt f. Landesk. u. Raumgestaltung B Godesberg 1970

23 Ehrenberg, K.H. u. Hickethier, H.: Erl. z. gec Bl. 5623 Schlüchtern. Wiesbaden 1971

24 Emmert, U.: Erl. z. geol. Bl. 6328 Scheinfel München 1968

25 Fairbridge, R.W.: Spaltet der Rheingraben Europ Umschau 1978, Heft 3, S. 69–75, Frankfurt

26 Franke, H. W. u. Geyh, M.: Neue Resultate d Radiokohlenstoffdatierung von Stalagmiten. Int. Kongreß Speläologie, Stuttgart 1969 Sonde druck, Bd. 2, München 1969

27 Franke, H. W. u. Heck, H.D.: Unsere Erde komn niemals zur Ruhe. Bild der Wissenschaft 197 Heft 12, S. 52

28 Freunde der Bayerischen Staatssammlung für P läontologie und historische Geologie: Leben un Vorzeit. München 1979

29 von Freyberg, B.: Erläuterungen zur Geologische Karte von Bayern Blatt 6235 Pegnitz, Münche 1961

30 Golwer, A.: Paläographie des Hanauer Beckens i Oligozän und Miozän. Not. hess. L. Amt Bodenf., Bd. 96, S. 157–184, Wiesbaden 1968

31 Haber, H.: Planet im Meer der Zeit. Rowohlt 197

32 Hantke, R.: Eiszeitalter Band I Ott-Verlag A Thun 1978

33 Haunschild, H.: Erl. z. geol. Bl. 6327 Mar Einersheim. München 1976

34 Hauschulz, J.: Gewässerkundliches Kartenwe Hessen. Teil I Hess. Min. f. Landw. u. Forste Wiesbaden 1959

35 Häuser, F.: Die Hanau-Seligenstädter Senke ur ihre Randgebiete. Verlag des Hanauer Geschicht vereins, 1954

36 Herrmann, K.: Dorfbuch von Hailer. Gemeinc Hailer, 1970

37 Hickethier, H. u. Holtz, S.: Ein weiteres Vorkon men von Oberem Muschelkalk im südliche Vogelsberg. Geol. Jahrb. Hessen, Bd. 105, S. 131 139, Wiesbaden 1977

38 Hillesheim-Kimmel, U. – Seibig, A. – Lobin, W Die Naturschutzgeb. in Hessen. Beilstein. Inst. Naturschutz Darmst. 1978

39 Hillesheim-Kimmel, U. u. Lobin, W.: Die Natu schutzgebiete.... Teufelsloch bei Steinau. Inst. Naturschutz Darmstadt 1978

40 Hoffmann, U.: Erl. z. geol. Bl. 6125 Würzbur Nord. München 1967

41 Hoffmann, U.: Erl. z. geol. Bl. 6225 Würzbur Süd, Mü. 1967

42 Hofmann, E.L.: Geschichte der Berg- und Hütter werke zu Bieber. Natur u. Museum, Ber. Senckenb. Naturf. Ges., Bd. 99, Heft 7, S. 317 328, Frankfurt 1969

3 Hölting, B.: Bemerkungen zur Herkunft der Salinarwässer am Taunusrand. Geol. Jahrb. Hessen. 105, S. 211–221, Wiesb. 1977

4 Illies, H.: Ein Grabenbruch im Herzen Europas – die Oberrheinebene. Geogr. Rundschau Heft 8/1967, Seite 281.

5 Kern, H.: Niederschlags-, Verdunstungs- und Abflußkarte von Bayern. Bayer. Landesstelle für Gewässerkunde, München 1954

Klaer, H.: Kommt das Eis zurück? Bild der Wissenschaft 1979, Heft 8, S. 38

7 Knetsch, G.: Geologie von Deutschland. Enke Stuttgart 1963

Kowalczyk, G.: Evaporit-Relikte im Oberrotliegenden der Wetterau. Not. hess. L. Amt f. Bodenf., Bd. 103, S. 291–298, Wiesbaden 1975

Körber, H.: Zur oberpliozänen und altpleistozänen Entwicklung der östlichen Untermainebene und des Aschaffenburger Beckens. Not. Bl. hess. L. Amt f. Bodenf., Bd. 87, S. 408–414, Wiesbaden 1959

Körber, H.: Die Entwicklung des Maintals. Würzburger geographische Arbeiten 1962, Heft 10 Würzburg

Kuhn, O.: Geologie von Bayern. München 1964

Laemmlen, M.: Lehrpfad Wasserkuppe. Parzeller Fulda 1971

Laemmlen, M.: Erl. z. geol. Bl. 5523 Neuhof. Wiesbaden 1970

Laemmlen, M.: u. Prinz, H.: Der Heubacher Graben im westlichen Rhönvorland als Teilstück der Heubach-Thalau-Friesenhausen-Grabenzone. Not. hess. L. Amt f. Bodenf., Bd. 96, S. 137–156, Wiesbaden 1968

Lehmann, S.: Der Vogelsberg. Burkhard Essen 1957

Leydecker, G.: Der Gebirgsschlag vom 23. 6. 1975 im Kalibergbaugebiet des Werratals. Geol. Jahrb. Hessen, Bd. 104, S. 271–277, Wiesbaden 1976

Lotze, F.: Geologie Mitteleuropas. Schweizerbart Stuttgart 1971

Matthes, S. u. Okrusch, M.: Spessart. Sammlung geologischer Führer. Bd. 44, Borntraeger Berlin 1965

Menke, B.: Wann begann die Eiszeit? Umschau 1976, Heft 19

Meyer, K.F.: Erläuterungen zur Geologischen Karte von Bayern Blatt 6033 Hollfeld, München 1972

Michels, F.: Erl. z. geol. Bl. 5818 Frankfurt-Ost. Bln. 1930

Murawski, H.: Die Bedeutung der „Kinzigtalzone" als Scharnierbereich zwischen der Spessart-Schwelle und dem nördlich vorgelagerten (Hessischen) Becken. Not. hess. L. Amt f. Bodenf., Bd. 91, S. 217–230, Wiesbaden 1963

Nagel, G.: Beiträge zur Geomorphologie des Ronneburger Hügellandes. Rhein.-Main-Forsch. 57 Frankfurt a.M. 1965

Nöring, F.: Tektonische Auswertung einer Reliefdarstellung von Hessen. Not. hess. L. Amt f. Bodenf., VI. Folge, Heft 2, S. 67–73, Wiesbaden 1951

65 Nöring, F.: Neue Nachweise des Untermain-Trapps. Not. hess. L. Amt f. Bodenf., VI. Folge, Heft 2, S. 41–43, Wbd. 1951

66 Nöring, F.: Die Fortsetzung des Saar-Senke in Hessen. Not. hess. L. Amt f. Bodenf., VI. Folge, Heft 2, S. 21–40, Wbd. 1951

67 Nöring, F.: Die Solquellen in Gelnhausen. Not. hess. L. Amt f. Bodenf., VI. Folge, Heft 3, S. 278–293, Wbd. 1953

68 Okrusch, M., Streit, R. u. Weinelt, W.: Erl. z. geol. Bl. 5920 Alzenau. München 1967

69 Okrusch, M. u. Weinelt, W.: Erl. z. geol. Bl. 5921 Schöllkrippen. München 1965

70 P.G.: Umstrittene Krustenbewegungen in Kalifornien. Erdvermessung mit Radioteleskopen und Lasern. Frankfurter Allgemeine Zeitung 30. 1. 1980

71 Reg.-Präs. Darmstadt, Trinkwasser aus dem Vogelsberg, 1976

72 von Reinach, A.: Erl. z. geol. Bl. 5719 Altenstadt. Bln. 1899

73 von Reinach, A.: Erl. z. geol. Bl. 5720 Büdingen. Bln. 1899

74 von Reinach, A.: Erl. z. geol. Bl. 5819 Hanau. Bln. 1899

75 Reul, K. u. Thews, J.D.: Unser Lebensraum aus 900 km Höhe. Umschau 1977, Heft 16, S. 529–530, Frankfurt a.M.

76 Rutte, E.: Einführung in die Geologie von Unterfranken Würzburg 1957

77 Rutte, E.: Mainfranken und Rhön. Sammlg. geol. Führer Berlin 1965

78 Rutte, E.: Bayerns Erdgeschichte. Ehrenwirth München 1981

79 Scheer, H.-D.: Die pleistozänen Flußterrassen in der östlichen Mainebene. Geol. Jahrb. Hessen, Bd. 104, S. 61–86, Wiesb. 1976

80 Scheer, H.-D.: Gliederung und Aufbau der Niederterrassen von Rhein und Main im nördlichen Oberrheingraben. Geol. Jahrb. Hessen, Bd. 106, S. 273–289, Wiesbaden 1978

81 Schmidt-Kaler, H.: Erläuterungen zur Geologischen Karte von Bayern Blatt 7031 Treuchtlingen, München 1976

82 Schmitt, O. und Steuer, A.: Erläuterungen zur geologischen Karte von Hessen Blatt 6016 Groß-Gerau, Wiesbaden 1974

83 Schneider, G.: Erdbeben im Werratal. Umschau 1975, Heft 15

84 Schneider, H.: Lebendige Landschaft. Jahrbuch der Ulrich-von-Hutten-Schule Schlüchtern 1955

85 Schneider, H.: Vom Schlüchterner Eisenbahnbau. Jahrb. 1959

86 Schneider, H.: Geomorphologische Probleme in der Umgebung von Schlüchtern. Jahrbücher 1960, 1961 und 1963

87 Schneider, H.: Geologische und morphologische Hinweise für Wanderungen im Buntsandsteingebiet von Spessart und Odenwald. Jahrbuch 1965

88 Schneider, H.: Geologische Exkursionen in der Umgebung von Schlüchtern. Jahrbücher 1966, 1967 und 1968

89 Schottler, W.: Der Vogelsberg. Not. d. Hess. Geol. Landesanstalt zu Darmstadt V, 18, S. 3–86
90 Schröder, B.: Zur Morphogenese im Ostteil der Süddeutschen Scholle. Geologische Rundschau Band 58, S. 10–29, Stuttgart 1968
91 Schwarz, O.: Hydrographische Studien zum Abflußverhalten von Mittelgebirgsflüssen am Beispiel von Bieber und Salz. Kramer Frankfurt a.M. 1974
92 Schwarzmeier, M.J.: Erl. z. geol. Bl. 6024 Karlstadt. Mün. 1977
93 Schwarzmeier, M.J.: Erl. z. geol. Bl. 6124 Remlingen. Mün. 1977
94 Seidenschwann, G.: Zur pleistozänen Entwicklung des Kinzigtals. Jahresbericht u. Mitteilungen der oberrheinischen geol. Vereinigung. Stuttgart 1978
95 Seidenschwann, G.: Zur pleistozänen Entwicklung des Main-Kinzig-Kahl-Gebietes. Dissertation. Frankfurt/M. 1978
96 Semmel, A.: Geomorphologie der Bundesrepublik Deutschland. Geogr. Zeitschr. Steiner-Verlag Wiesbaden 1980
97 von Seyfried, E.: Erl. z. geol. Bl. 5622 Steinau Berlin 1913
98 von Seyfried, E.: Erl. z. geol. Bl. 6524 Oberzell-Güntershof. Berlin 1913
99 von Seyfried, E.: Erl. z. geol. Bl. 5722 Salmünster. Berlin 1912
100 von Seyfried, E.: Erl. z. geol. Bl. 5723 Altengronau. Berlin 1914
101 Siebert, J.: Morphologie des Sinntales. Frankfurter Geographische Hefte 1918, Heft 2, S. 53–111
102 Steinert, H.: Das neue Bild des Eiszeitalters. F.A.Z 17. 5. 78
103 Steinert, H.: Die Eifel-Vulkane könnten wiede tätig werden. F.A.Z. 11. 6. 1980
104 Taborsky, F.K.: Gesichtspunkte zur Petrogenes des Odenwaldes. Geol. Jahrb. Hessen, Bd. 10 S. 161–165, Wbd. 1976
105 Völker, K.: Beiträge zur Morphologie der Kinzig landschaft. Frankfurter Geogr. Hefte 1928, Heft S. 7–51
106 Wagner, G.: Einführung in die Erd- u. Lanc schaftsgeschichte. Hohenlohesche Buchhandlun Öhringen 1960
107 Wagner, G.: Einführung in die Geologie. Ff. 69
108 Wagner, W.: Das Aquitan zwischen Schweizer Ju und Niederhessen. Not. hess. L. Amt f. Bodenf Bd. 87, S. 376–397, Wiesbaden 1959
109 Wenz, W.: Erl. z. geol. Bl. 5718 Rodheim v.d.H Darmstadt 1937
110 Wilke, H.J.: Mineral-Fundstellen. Band 7 Hesse Weise-Verlag München 2, 1979
111 Wilhelmy, H.: Geomorphologie. II. Band Exoger Morphodynamik. Hirt-Verlag 1972
112 Wunderlich, H.G.: Das neue Bild der Erde. Hmb 75
113 Wurm, A.: Beiträge zur Flußgeschichte des Mai und zur diluvialen Tektonik des Maingebiets. Geo Bav. 1955 Bd. 25 München

*

Die Darstellung der geologischen Geschichte des Mains beruht zum großen Teil auf Ausführungen von Professor Dr. Karl Beurlen, Tübingen, die er anläßlich einer Studienwoche über Geologie vom 30. 8.–4. 9. 1982 im Volkshochschulheim Inzigkofen vorgetragen hat. In der Literatur haben diese Ausführungen noch keinen Niederschlag gefunden.

Bildnachweis

Die nicht aufgeführten Skizzen stammen vom Verfasser.
LV bedeutet Literaturverzeichnis.

Sk. 1: LV 58
Sk. 3: LV 19, Seite 16
Sk. 4: LV 106, Seite 422
Sk. 5: LV 23, Seite 26
Sk. 6: gezeichnet nach Angaben im LV 53
Sk. 7: LV 53 Kartenbeilage
Sk. 8: LV 106, Seite 437
Sk. 9: LV 106, Seite 445
Sk. 10: LV 106, Seite 557
Sk. 11: LV 53, Seite 78
Sk. 14: LV 23, Seite 77
Sk. 19: LV 25
Sk. 21: LV 23, Seite,136
Sk. 22: LV 19, Karte dazu sowie geologische Karte der Umgebung von Bieber
Sk. 23: LV 62, Seite 226
Sk. 24: LV 62, Seite 227
Sk. 26: LV 52
Sk. 34: LV 43
Sk. 37: LV 10 und 96
Sk. 42: gezeichnet nach Angaben im LV 95
Sk. 45: LV 20, Seite 185
Sk. 46: LV 106, Seite 622
Sk. 51: LV 19, Seite 114
Sk. 52: LV 95
Sk. 59: LV 23, Seite 198
Sk. 62: LV 86, Jahrbuch 1963

Den Skizzen 12, 13, 25, 30, 54 und 55 sowie dem Buch-Umschlag liegt die im Wenschow-Verlag in München erschienene „Stumme Karte von Hessen“ zugrunde, die im Maßstab 1 : 600 000 als Reliefkarte hergestellt wurde.

Geologische Übersichtskarte
Maßstab 1 : 300 000

Die geologische Karte auf dem Vor- und Nachsatz wurde gezeichnet nach der vom Hessischen Landesamt für Bodenforschung herausgegebenen Geologischen Übersichtskarte, bearbeitet von F. Rösung, 3. Auflage 1976.

Der Main ist eingezeichnet, die Kinzig nur von Gelnhausen bis zur Mündung. Die anderen Gewässer fehlen. Zur Orientierung dienen die Ortsangaben an den Rändern.

Der gesuchte Ort liegt dann im Schnittpunkt der am Ost- bzw. Westrand angegebenen mit den am Nord- bzw. Südrand wiederholten Angaben.

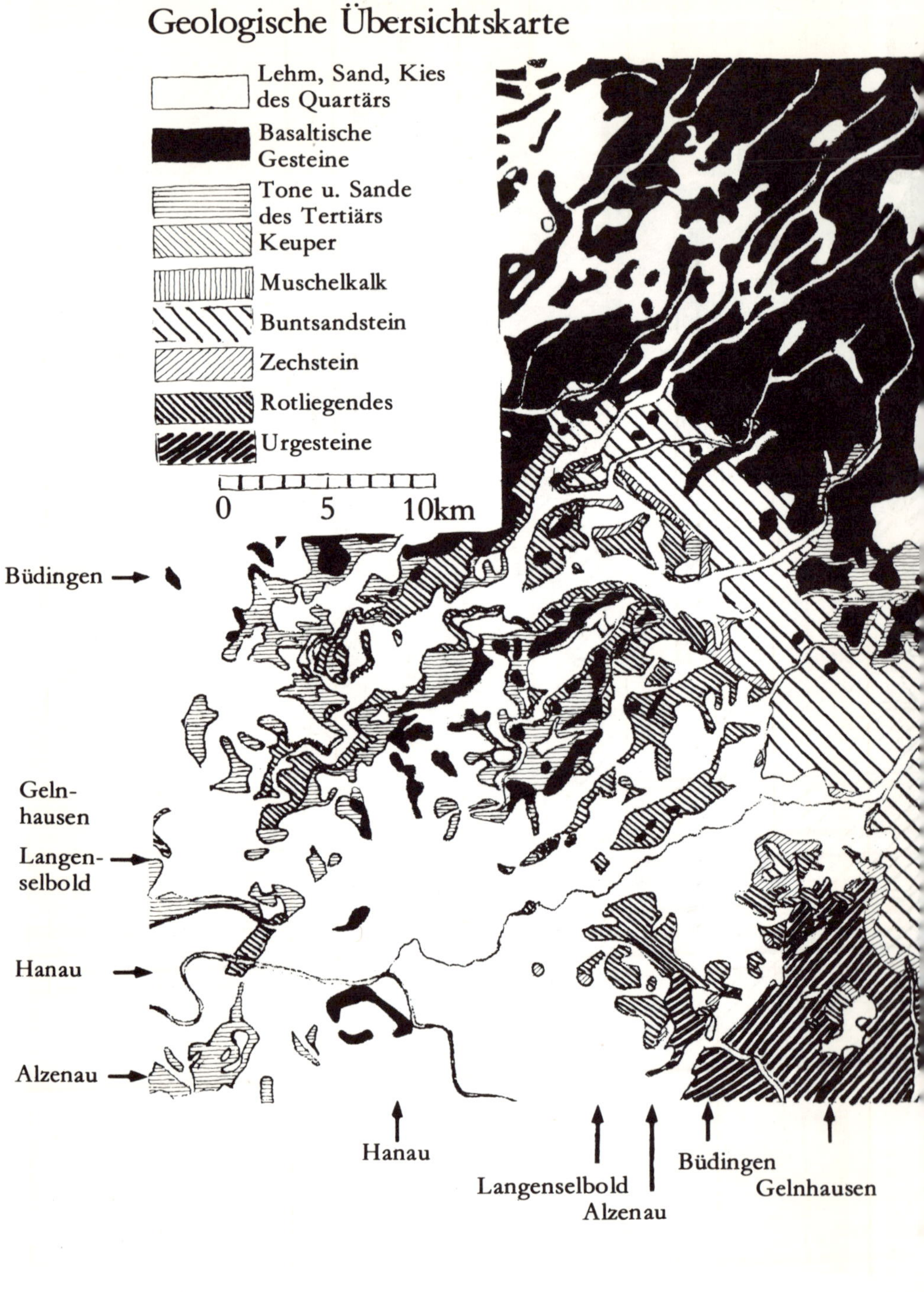
Geologische Übersichtskarte
Lehm, Sand, Kies des Quartärs
Basaltische Gesteine
Tone u. Sande des Tertiärs
Keuper
Muschelkalk
Buntsandstein
Zechstein
Rotliegendes
Urgesteine
0
5
10km
Büdingen
Geln-hausen
Langen-selbold
Hanau
Alzenau
Hanau
Langenselbold
Alzenau
Büdingen
Gelnhausen